70

1949-2019

新中国气象事业70周年

守望荆楚七十年
湖北气象谱华章

新中国气象事业70周年·湖北卷

湖北省气象局

气象出版社
China Meteorological Press

图书在版编目（CIP）数据

新中国气象事业 70 周年 . 湖北卷 / 湖北省气象局编
著 . — 北京 : 气象出版社 , 2020.10
　ISBN 978-7-5029-7148-9

　Ⅰ . ①新… 　Ⅱ . ①湖… 　Ⅲ . ①气象 - 工作 - 湖北 - 画
册 　Ⅳ . ① P468.2-64

中国版本图书馆 CIP 数据核字（2020）第 170071 号

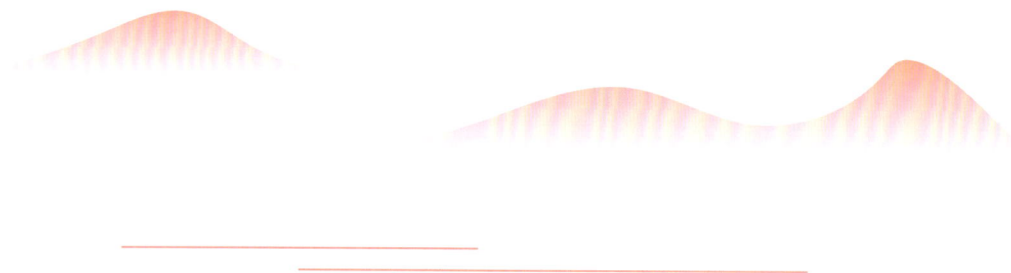

新中国气象事业70周年·湖北卷
Xinzhongguo Qixiang Shiye Qishi Zhounian · Hubei Juan

湖北省气象局　编著

出版发行：气象出版社

地　　址：北京市海淀区中关村南大街46号　邮政编码：100081

电　　话：010-68407112（总编室）　　　010-68408042（发行部）

网　　址：http://www.qxcbs.com　　　E - mail：qxcbs@cma.gov.cn

策划编辑：周　露

责任编辑：蔺学东　　　　　　　　　　终　　审：吴晓鹏

责任校对：张硕杰　　　　　　　　　　责任技编：赵相宁

装帧设计：新光洋（北京）文化传播有限公司

印　　刷：北京地大彩印有限公司

开　　本：889 mm×1194 mm　1/16　　印　　张：13.25

字　　数：340 千字

版　　次：2020 年 10 月第 1 版　　　　印　　次：2020 年 10 月第 1 次印刷

定　　价：280.00 元

《新中国气象事业 70 周年·湖北卷》编委会

主　　编：柯怡明

副 主 编：汪金福

顾　　问：崔讲学　姜海如

撰　　稿：陆　铭　孙安妮

组　　稿：陆　铭　张　艳　张晶晶　周　芳　王　诗　唐　悦

审稿专家：童哲堂　杨　夏　李　灿　杨志彪　黄焕寅　吴义城
　　　　　匡如献　向辽元　陈少平　胡国超　郑运斌　许维海

统　　稿：陆　铭

总 序

1949 年 12 月 8 日是载入史册的重要日子。这一天，经中央批准，中央军委气象局正式成立，开启了新中国气象事业的伟大征程。

气象事业始终根植于党和国家发展大局，与国家发展同行共进、同频共振。伴随着国家发展的进程，气象事业从小到大、从弱到强、从落后到先进，走出了一条中国特色社会主义气象发展道路。新中国成立后，我们秉持人民利益至上这一根本宗旨，统筹做好国防和经济建设气象服务。在国家改革开放的大潮中，我们全面加速气象现代化建设，在促进国家经济社会发展和保障改善民生中实现气象事业的跨越式发展。党的十八大以来，我们坚持以习近平新时代中国特色社会主义思想为指导，坚持在贯彻落实党中央决策部署和服务保障国家重大战略中发展气象事业，开启了现代化气象强国建设的新征程。70 年气象事业的生动实践深刻诠释了国运昌则事业兴、事业兴则国家强。

气象事业始终在党中央、国务院的坚强领导和亲切关怀下，与伟大梦想同心同向、逐梦同行。党和国家始终把气象事业作为基础性公益性社会事业，纳入经济社会发展全局统筹部署、同步推进。毛泽东主席关于气象部门要把天气常常告诉老百姓的指示，成为气象工作贯穿始终的根本宗旨。邓小平同志强调气象工作对工农业生产很重要，江泽民同志指出气象现代化是国家现代化的重要标志，胡锦涛同志要求提高气象预测预报、防灾减灾、应对气候变化和开发利用气候资源能力，都为气象事业发展指明了方向，鼓舞着我们奋勇前行。习近平总书记特别指出，气象工作关系生命安全、生产发展、生活富裕、生态良好，要求气象工作者推动气象事业高质量发展，提高气象服务保障能力，为我们以更高的政治站位、更宽的国际视野、更强的使命担当实现更大发展，提供了根本遵循。

在党中央、国务院的坚强领导下，一代代气象人接续奋斗、奋力拼搏，气象事业发生了根本性变化，取得了举世瞩目的成就。

70 年来，我们紧紧围绕国家发展和人民需求，坚持趋利避害并举，建成了世界上保障领域最广、机制最健全、效益最突出的气象服务体系。

面向防灾减灾救灾，我们努力做到了重大灾害性天气不漏报，成功应对了超强台风、特大洪水、低温雨雪冰冻、严重干旱等重大气象灾害，为各级党委政府防灾减灾部署和人民群众避灾赢得了先机。我们建成了多部门共享共用的国家突发事件预警信息发布系统，努力做到重点灾害预警不留盲区，预警信息可在 10 分钟内覆盖 86% 的老百姓，有效解决了"最后一公里"问题，充分发挥了气象防灾减灾第一道防线作用。

面向生态文明建设，我们构建了覆盖多领域的生态文明气象保障服务体系，打造了人工影响天气、气候资源开发利用、气候可行性论证、气候标志认证、卫星遥感应用、大气污染防治保障等服务品牌，开展了三江源、祁连山等重点生态功能区空中云水资源开发利用，完成了国家和区域气候变化评估，组织了四次全国风能资源普查，探索建设了国家气象公园，建立了世界上规模最大的现代化人工影响天气作业体系，人工增雨（雪）覆盖 500 万平方公里，防雹保护达 50 多万平方公里，有力推动了生态修复、环境改善，气象已经成为美丽中国的参与者、守护者、贡献者。

面向经济社会发展，我们主动服务和融入乡村振兴、一带一路、军民融合、区域协调发展等国家重大战略，主动服务和融入现代化经济体系建设，大力加强了农业、海洋、交通、自然资源、旅游、能源、健康、金融、保险等领域气象服务，成功保障了新中国成立 70 周年、北京奥运会等重大活动和南水北调、载人航天等重大工程，积极引导了社会资本和社会力量参与气象服务，服务领域已经拓展到上百个行业、覆盖到亿万用户，投入产出比达到 1∶50，气象服务的经济社会效益显著提升。

面向人民美好生活，我们围绕人民群众衣食住行健康等多元化服务需求，创新气象服务业态和模式，大力发展智慧气象服务，打造"中国天气"服务品牌，气象服务的及时性、准确性大幅提高。气象影视服务覆盖人群超过 10 亿，"两微一端"气象新媒体服务覆盖人群超 6.9 亿，中国天气网日浏览量突破 1 亿人次，全国气象科普教育基地超过 350 家，气象服务公众覆盖率突破 90%，公众满意度保持在 85 分以上，人民群众对气象服务的获得感显著增强。

70 年来，我们始终坚持气象现代化建设不动摇，建成了世界上规模最大、覆盖最全的综合气象观测系统和先进的气象信息系统，建成了无缝隙智能化的气象预报预测系统。

综合气象观测系统达到世界先进水平。气象观测系统从以地面人工观测为主发展到"天—地—空"一体化自动化综合观测。现有地面气象观测站 7 万多个，全国乡镇覆盖率达到 99.6%，数据传输时效从 1 小时提升到 1 分钟。建成了 216 部雷达组成的新一代天气雷达网，数据传输时效从 8 分钟提升到 50 秒。成功发射了 17 颗风云系列气象卫星，7 颗在轨运行，为全球 100 多个国家和地区、国内 2500 多个用户提供服务，风云二号 H 星成为气象服务"一带一路"的主力卫星。建立了生态、环境、农业、海洋、交通、旅游等专业气象监测网，形成了全球最大的综合气象观测网。

气象信息化水平显著增强。物联网、大数据、人工智能等新技术得到深入应用，形成了"云＋端"的气象信息技术新架构。建成了高速气象网络、海量气象数据库和国产超级计算机系统，每日新增的气象数据量是新中国成立初期的 100 多万倍。新建设的"天镜"系统实现了全业务、全流程、全要素的综合监控。气象数据率先向国内外全面开放共享，中国气象数据网累计用户突破30万，海外注册用户遍布70多个国家，累计访问量超过5.1亿人次。

气象预报业务能力大幅提升。从手工绘制天气图发展到自主创新数值天气预报，从站点预报发展到精细化智能网格预报，从传统单一天气预报发展到面向多领域的影响预报和风险预警，气象预报预测的准确率、提前量、精细化和智能化水平显著提高。全国暴雨预警准确率达到88%，强对流预警时间提前至38分钟，可提前3～4天对台风路径做出较为准确的预报，达到世界先进水平。2017年中国气象局成为世界气象中心，标志着我国气象现代化整体水平迈入世界先进行列！

70年来，我们紧跟国家科技发展步伐和世界气象科技发展趋势，大力加强气象科技创新和人才队伍建设，我国气象科技创新由以跟踪为主转向跟跑并跑并存的新阶段。

建立了较为完善的国家气象科技创新体系。我们不断优化气象科技创新功能布局，形成了气象部门科研机构、各级业务单位和国家科研院所、高等院校、军队等跨行业科研力量构成的气象科技创新体系。强化气象科技与业务服务深度融合，大力发展研究型业务。加快核心关键技术攻关，雷达、卫星、数值预报等技术取得重大突破，有力支撑了气象现代化发展。坚持气象科技创新和体制机制创新"双轮驱动"，形成了更具活力的气象科技管理制度和创新环境。气象科技成果获国家自然科学奖26项，获国家科技进步奖67项。

科技人才队伍建设取得丰硕成果。我们大力实施人才优先战略，加强科技创新团队建设。全国气象领域两院院士35人，气象部门入选千人计划、万人计划等国家人才工程25人。气象科学家叶笃正、秦大河、曾庆存先后获得国际气象领域最高奖，叶笃正获国家最高科学技术奖。一系列科技创新成果和一大批科技人才有力支撑了气象现代化建设。

70年来，我们坚持并完善气象体制机制、不断深化改革开放和管理创新，气象事业从封闭走向开放、从传统走向现代、从部门走向社会、从国内走向全球。

领导管理体制不断巩固完善。坚持并不断完善双重领导、以部门为主的领导管理体制和双重计划财务体制，遵循了气象科学发展的内在规律，实现了气象现代化全国统一规划、统一布局、统一建设、统一管理，形成了中央和地方共同推进气象事业发展、共同建设气象现代化的格局，满足了国家和地方经济社会发展对气象服务的多样化需求。

各项改革不断深化。坚持发展与改革有机结合，协同推进"放管服"改革和气象行政审批制度改革，全面完成国务院防雷减灾体制改革任务，深入推进气象服务体制、业务科技体制、管理体制等改革，初步建立了与国家治理体系和治理能力现代化相适应的业务管理体系和制度体系，为气象事业高质量发展注入强大动力。

开放合作力度不断加大。与近百家单位开展务实合作，形成了省部合作、部门合作、局校合作、局企合作的全方位、宽领域、深层次国内开放合作格局。先后与 160 多个国家和地区开展了气象科技合作交流，深度参与"一带一路"建设，为广大发展中国家提供气象科技援助，100 多位中国专家在世界气象组织、政府间气候变化专门委员会等国际组织中任职，气象全球影响力和话语权显著提升，我国已成为世界气象事业的深度参与者、积极贡献者，为全球应对气候变化和自然灾害防御不断贡献中国智慧和中国方案。

气象法治体系不断健全。建立了《气象法》为龙头，行政法规、部门规章、地方法规组成的气象法律法规制度体系，形成了由国家、地方、行业和团体等各类标准组成的气象标准体系，气象事业进入法治化发展轨道。

70 年来，我们始终坚持党对气象事业的全面领导，以政治建设为统领，全面加强党的建设，在拼搏奉献中践行初心使命，为气象事业高质量发展提供坚强保证。

70 年来，气象事业发展历程中人才辈出、精神璀璨，有夙夜为公、舍我其谁的开创者和领导者，有精益求精、勇攀高峰的科学家，有奋楫争先、勇挑重担的先进模范，有甘于清苦、默默奉献的广大基层职工。一代代气象人以服务国家、服务人民的深厚情怀，谱写了气象事业跨越式发展的壮丽篇章；一代代气象人推动着气象事业的长河奔腾向前，唱响了砥砺奋进的动人赞歌；一代代气象人凝练出"准确、及时、创新、奉献"的气象精神，激发起干事创业的担当魄力！

70 年的发展实践，我们深刻地认识到，**坚持党的全面领导是气象事业的根本保证**。70 年来，在党的领导下，气象事业紧贴国家、时代和人民的要求，实现健康持续发展。我们坚持以习近平新时代中国特色社会主义思想为指导，增强"四个意识"，坚定"四个自信"，做到"两个维护"，把党的领导贯穿和体现到气象事业改革发展各方面各环节，确保气象改革发展和现代化建设始终沿着正确的方向前行。**坚持以人民为中心的发展思想是气象事业的根本宗旨**。70 年来，我们把满足人民生产生活需求作为根本任务，把保护人民生命财产安全放在首位，把老百姓的安危冷暖记在心上，把为人民服务的宗旨落实到积极推进气象服务供给侧结构性改革等各方面工作，促进气象在公共服务领域不断做出新的贡献。**坚持气象现代化建设不动摇是气象事业的兴业之路**。70 年来，我们坚定不移加强和推进气象现代化建设，以现代化引领和推动气象事业发展。我们按照新时代中国特色社会主义事业的战略安排，谋划推进现代化气象强国建设，确保气象现代化同党和国家的发展要求相适应、同气象事业发展目标相契合。**坚持科技创新驱动和人才优先发展是气象事业的根本动力**。70 年来，我们大力实施科技创新战略，着力建设高素质专业化干部人才队伍，集中攻关制约气象事业发展的核心关键技术难题，促进了气象科技实力和业务水平的不断提升。**坚持深化改革扩大开放是气象事业的活力源泉**。70 年来，我们紧跟国家步伐，全面深化气象改革开放，认识不断深化、力度不断加大、领域不断拓展、成效不断显现，推动气象事业在不断深化改革中披荆斩棘、破浪前行。

铭记历史，继往开来。《新中国气象事业 70 周年》系列画册选录了 70 年来全国各级气象部门最具有历史意义的图片，生动全面地记录了气象事业的发展足迹和突出贡献。通过系列画册，面向社会充分展示了气象事业 70 年来的生动实践、显著成就和宝贵经验；展现了气象事业对中国社会经济发展、人民福祉安康提供的强有力保障、支撑；树立了"气象为民"形象，扩大中国气象的认知度、影响力和公信力；同时积累和典藏气象历史、弘扬气象人精神，能够推动气象文化建设，凝聚共识，汇聚推进气象事业改革发展力量。

在新的长征路上，气象工作责任更加重大、使命更加光荣，我们将以习近平新时代中国特色社会主义思想为指导，不忘初心、牢记使命，发扬优良传统，加快科技创新，做到监测精密、预报精准、服务精细，推动气象事业高质量发展，提高气象服务保障能力，发挥气象防灾减灾第一道防线作用，以永不懈怠的精神状态和一往无前的奋斗姿态，为决胜全面建成小康社会、建设社会主义现代化国家做出新的更大贡献！

中国气象局党组书记、局长：刘雅鸣

2019 年 12 月

前 言

湖北，长江中游、洞庭以北，因湖得名、因水而兴、因江而盛。

东湖之滨、南望山下，湖北气象伫立山水之侧，把握七十年风云脉搏，守护百年台站四季交替。

河流交错、千湖之省的湖北，防灾减灾是天大的事。70 年间，湖北气象牢牢守住"第一道防线"。一次次流域特大洪涝、一次次省内严重内涝、一次次旱魔侵扰大地、一次次冰雪倾城覆盖，决策服务、专业服务、民生服务屡建防灾减灾奇功，气象参谋深受好评、深得民心。

中部支点、九省通衢的湖北，实施国家战略是重要担当。70 年间，从湖北省气象局到华中区域气象中心再到长江流域气象中心，湖北气象内涵外延不断扩展。打破省际界线、拆除部门壁垒，服务三峡工程建设运营，保护长江流域森林湿地生态，保障黄金水道航运安全，"气象 +"和"+ 气象"助力长江大保护和长江经济带建设发展，气象服务成为贴心伴侣。

鱼米之乡、农业大省的湖北，气象为农是重中之重。70 年间，从保障粮食安全到护航特色农业，从农村气象灾害防御到"气候 +"精准扶贫，助推乡村旅游、寻找气候宜居，趋利避害、增产增收贡献卓著，资源集约、特点显著的湖北气象为农服务亮点纷呈。

敢为人先、求新求变的湖北，创新发展是永恒主题。70 年间，湖北气象科技创新从预测、预报业务到服务经济社会各领域，再到服务国家重大工程、重大战略，从"走出去""引进来"到信息共享、优势互补、合作共建、开放共赢，成就斐然。管理创新从法治建设与精神文化引导传承双重着力，硕果累累。

牢记嘱托、绿色发展的湖北，生态气象服务是高质量的新引擎。为保护利用气候资源建言献策，为优化生态环境保驾护航，为打赢"蓝天保卫战"出兵出力，为绿水青山化为金山银山提供智力支撑，生态气象服务大有可为。

长江奔流向大海，湖北得中独厚尽朝晖。70年披荆斩棘，一代代气象人艰苦奋斗、自力更生，走出一条切合实际的气象事业发展之路；70年风雨兼程，湖北气象在革新的气候下生长、开放的环境中舒展，气象现代化与国家现代化同频共振！新时代新征程，湖北气象人将不忘初心、牢记使命，以更加昂扬的斗志、更加坚定的步伐、更加务实的举措，为湖北高质量发展、为建设气象强国、为中华民族伟大复兴做出更大贡献！

编　者

2019 年 12 月

目 录

总序

前言

领导关怀篇 ………………………………………………… 1

机构沿革篇 ………………………………………………… 17

业务进程篇 ………………………………………………… 27

气象服务篇 ………………………………………………… 63

科学发展篇 ………………………………………………… 139

党建统领篇 ………………………………………………… 169

（摄影：冯光柳）

领导关怀篇

春风化雨，润物无声。

纵观 70 年湖北气象取得的巨大成就，离不开党的路线方针政策的正确指引，离不开中国气象局和湖北省委省政府的坚强领导，离不开社会各界的支持和鼓励。亲切关怀滋养着蓬勃生机、激励出克难奋进，是湖北气象事业发展源源不断的强大动力。

推动气象科学进步加速区域中心建设
为社会主义建设提供强有力的支撑

与湖北省气象局同志苦题励

宋健
一九九二年
一月十九日

▲ 1992年1月，国务委员、国家科委主任宋健（右三）视察武汉区域气象中心、湖北省气象局。国家气象局党组书记、局长邹竞蒙（右四）陪同视察（资料图）

1992年1月，国务委员、▶ 国家科委主任宋健为武汉区域气象中心题词（资料图）

◀ 1995年4月，中国气象局党组书记、局长邹竞蒙（左一）调研指导湖北气象工作，中共湖北省委书记贾志杰（右一）、省长蒋祝平（中）参加（资料图）

回首五十载描绘气象成大业
放眼新世纪深化改革谱新篇

为武汉中心气象台成立五十周年致送

温克刚　一九九八年六月五日

▲ 1998 年，中国气象局党组书记、局长温克刚为武汉中心气象台成立 50 周年题词（资料图）

▲ 1998 年 8 月，中国气象局党组书记、局长温克刚（中）到荆江大堤现场指导防汛抗洪气象服务（资料图）

▲ 2001 年 3 月，中国气象局党组书记、局长秦大河（左三）考察三峡工程建设，调研指导气象保障服务（资料图）

▲ 2010 年 7 月，湖北省省长李鸿忠（后排左九）到湖北省气象局调研指导工作，高度评价气象工作在防灾减灾、服务经济社会发展中发挥不可替代的作用，表示气象服务增强战胜洪水的信心（摄影：陆铭）

▲ 2011年6月，湖北省省长王国生（前排左三）调研指导气象工作，表示支持气象事业发展是回答群众的期盼（摄影：陆铭）

▲ 2018年7月，湖北省省长王晓东（右二）、副省长万勇（左二）到湖北省气象局调研指导工作（供图：刘庆忠）

▲ 2019 年 4 月，中国气象局党组成员、副局长沈晓农（前排左二）到湖北检查指导汛期服务准备工作（摄影：刘庆忠）

▲ 2010 年 10 月，中国气象局党组成员、副局长矫梅燕（左三）到三峡梯级调度通信中心调研气象服务工作（摄影：陆铭）

▲ 2015 年 4 月，中国气象局党组成员、副局长于新文（右二）检查湖北防汛气象服务准备情况
（摄影：李傲）

▲ 2019 年 5 月，中国气象局党组成员、副局长余勇（左二）到第七届世界军人运动会场馆调研军
运会气象保障服务工作（供图：武汉市气象局）

▲ 2011 年 10 月，湖北省常务副省长李宪生（右二）调研湖北省暴雨预警中心开工建设情况（摄影：陆铭）

▲ 2018 年 1 月，湖北省常务副省长黄楚平（右二）考察中央气象台。中国气象局副局长沈晓农（右一）介绍有关情况（摄影：陆铭）

▲ 2010 年 10 月，湖北省副省长赵斌（中）参观"2010 年上海世界博览会"世界气象馆（供图：陆铭）

▲ 2013 年 4 月，湖北省人大副主任王玲（左六）调研气象工作（摄影：李傲）

▲ 2014 年 4 月，湖北省副省长梁惠玲（右二）参观中国气象局，中国气象局局长郑国光（左二）、
副局长宇如聪（右一）陪同（摄影：庄白羽）

▲ 2015 年 6 月，湖北省副省长任振鹤（左二）到省气象局调研指导工作（摄影：刘庆忠）

▲ 2018 年春节前夕，湖北省副省长周先旺（中）到省气象局走访慰问气象职工，调研气象工作（摄影：高迅芝）

▲ 2019 年 4 月，湖北省副省长万勇（右三）到省气象局调研，听取天气会商意见（摄影：刘庆忠）

（摄影：冯光柳）

机构沿革篇

筚路蓝缕，砥砺前行。

回望 70 年湖北气象事业的发展历程，历经军事建制、政府建制等领导管理体制。从夯实基础到快速前行再到步入高质量发展轨道，从率先引进一流装备到加快气象现代化建设再到在中部地区率先基本实现气象现代化，从湖北省气象局到华中区域气象中心再到长江流域气象中心，一步一个脚印大踏步前进。

湖北省气象局

从汉口气象台起步,湖北省气象局扎实前行,实力不断壮大。20 世纪 80 年代,气象科技领先全国;90 年代,整体迈入全国气象部门先进行列。进入 21 世纪,改革促发展、项目带发展、创新求发展、合作谋发展、和谐保发展,气象现代化建设深入推进,气象综合实力显著提升,气象事业从快速发展步入高质量发展轨道。

湖北气象志

湖北省气象局 编

气象出版社

(摄影:毛坚强)

1950年:中南军区设立气象管理处(1951年改称中南军区司令部气象处),负责包括湖北在内的中南6省气象业务管理

1951年,省军区司令部成立气象科,管辖湖北气象工作

1954年,湖北省人民委员会气象局成立,隶属省人民政府建制,业务上受中央气象局领导

1958年,气象系统体制下放,业务以部门为主领导,人财物同归地方

1962年,湖北省气象局诞生

(制图:王诗)

1 | 2

1. 湖北省气象局诞生于武汉市汉口胜利街 287 号,前身是汉口气象台
   (供图:武汉市气象局)
2. 1983 年建成的湖北省气象局业务大楼(资料图)

▲ 2009 年启用的湖北省气象局、湖北省气象预警中心、华中区域气象中心、长江流域气象中心办公楼（摄影：李必春）

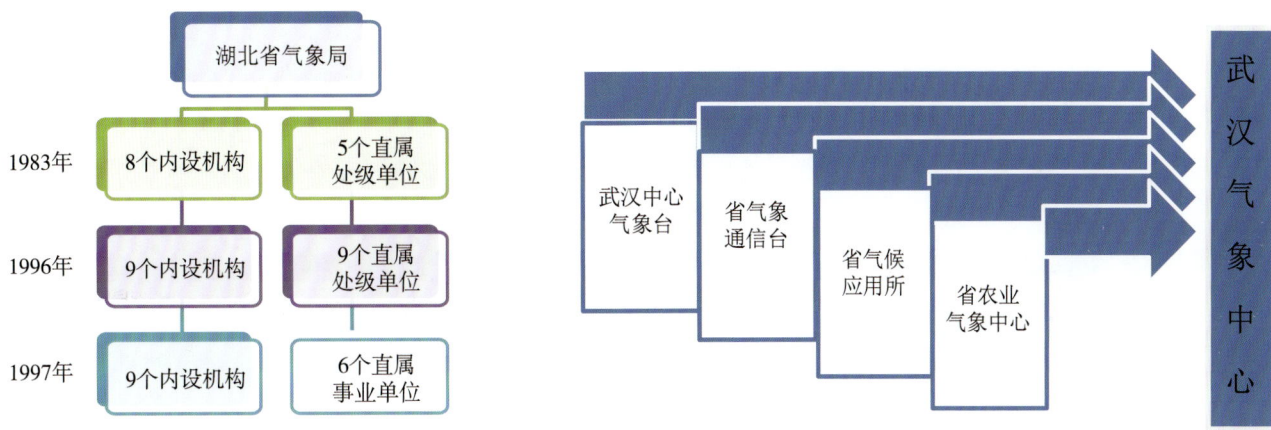

▲ 省级气象机构变迁（制图：陆铭）

▲ 1997 年省级直属事业单位结构调整（制图：陆铭）

1998 年，成立"湖北省气象科技产业中心"，一直持续到 2001 年机构改革。

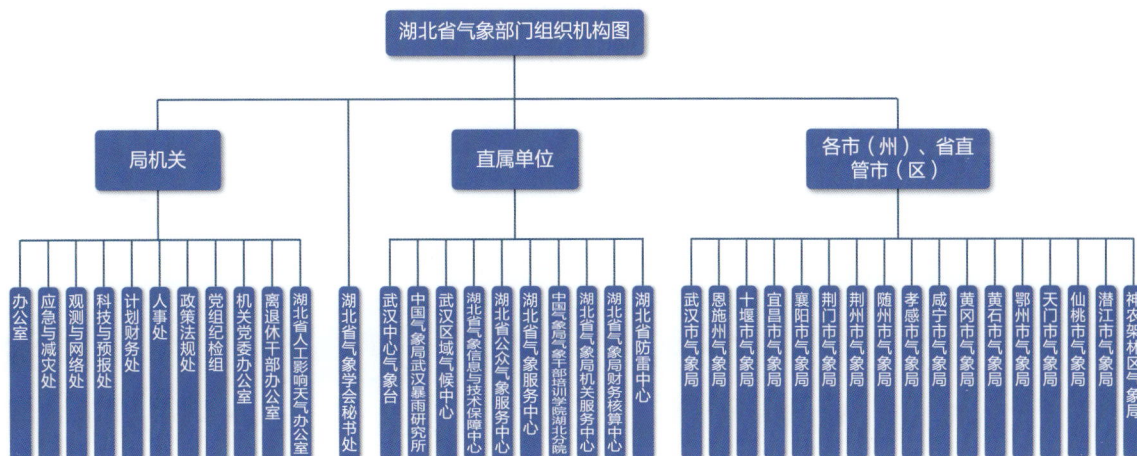

▲ 2019 年湖北省气象部门组织机构图（制图：王诗）

华中区域气象中心

1984 年湖北省气象局印发《湖北省气象现代化建设发展纲要》和 1986 年我国首批引进的数字化天气雷达率先在武汉建成，奠定了湖北气象在华中乃至全国的实力地位。1989 年，武汉区域气象中心挂牌成立，2009 年更名为华中区域气象中心。30 年来，围绕区域经济发展和社会需求，区域中心综合能力建设不断加强，区域协作联动较好地完成了防御和减轻气象灾害、适应和减缓气候变化、开发和利用气候资源的任务，为区域经济社会发展做出了贡献。

▲ 1989 年 2 月，武汉区域气象中心成立。国家气象局局长邹竞蒙（左二）、副局长骆继宾和湖北省人大常委会主任黄知真（左三）、省长郭振乾（左一）出席成立大会（资料图）

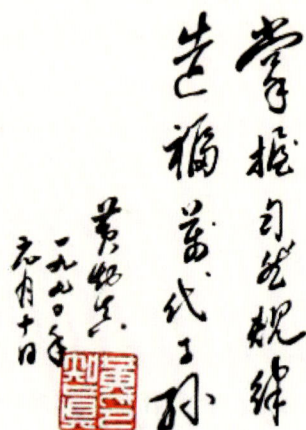

▲ 1990 年 1 月，湖北省人大常委会主任黄知真为武汉区域气象中心题词（资料图）

1989 年 2 月，成立武汉区域气象中心；2006 年 9 月，更名为中国气象局武汉区域气象中心；2009 年 5 月，更名为中国气象局华中区域气象中心。

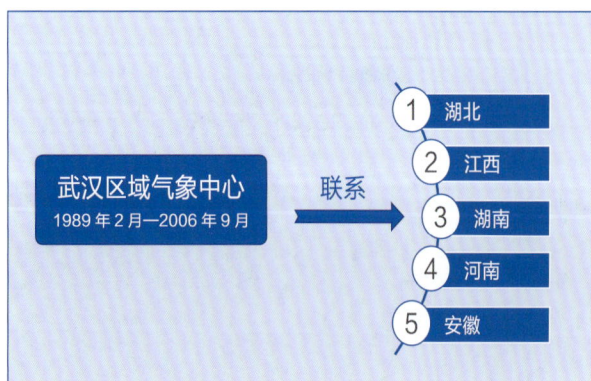

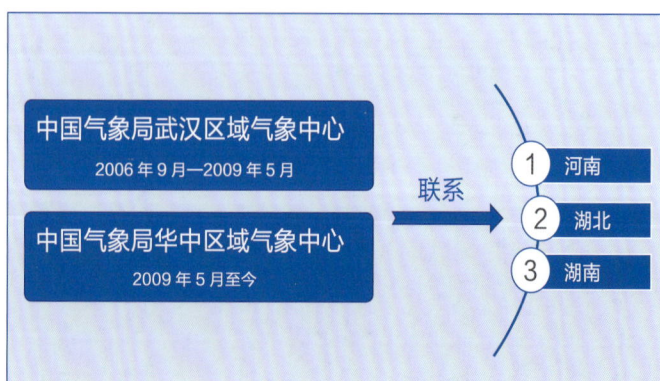

武汉区域气象中心
1989 年 2 月—2006 年 9 月
联系
1 湖北
2 江西
3 湖南
4 河南
5 安徽

中国气象局武汉区域气象中心
2006 年 9 月—2009 年 5 月
中国气象局华中区域气象中心
2009 年 5 月至今
联系
1 河南
2 湖北
3 湖南

（制图：唐悦）

1	2
3	

1. 2006 年武汉区域气象中心组织召开区域气象局长联席会议（供图：杨夏）
2. 2008 年，武汉区域气象中心发起"促进中部地区崛起"气象论坛，湖南、湖北、江西、安徽、河南、山西六省气象部门与会代表建言献策（摄影：陆铭）
3. 2008 年，武汉区域气象中心组织城市群发展气象服务工作论坛（供图：杨夏）

▲ 2009 年，华中区域气象中心举行成立 20 周年纪念活动（供图：陆铭）

▶ 2010 年华中区域气象中心工作会议（摄影：陆铭）

▶ 2013 年华中、华南区域气象中心会议（摄影：李傲）

▲ 2016 年（左图）、2018 年（右图）华中区域气象中心活动（供图：预报处）

长江流域气象中心

2009 年,长江流域气象中心挂牌成立,旨在探索提高流域防灾减灾能力和为流域经济社会发展提供更加优质的气象服务。经过十年的不懈努力,跨省区、跨部门的气象水文合作和信息共享已经实现,气象服务防灾减灾和流域水资源综合开发利用成效显著,长江大保护、长江经济带建设的气象保障作用越来越突出。

2009 年 12 月,长江流域气象中心成立。中国气象局局长郑国光（左）、湖北省省长李鸿忠（右）共同为长江流域气象中心揭牌（摄影：陆铭）▶

◀ 长江流域图（供图：孙元）

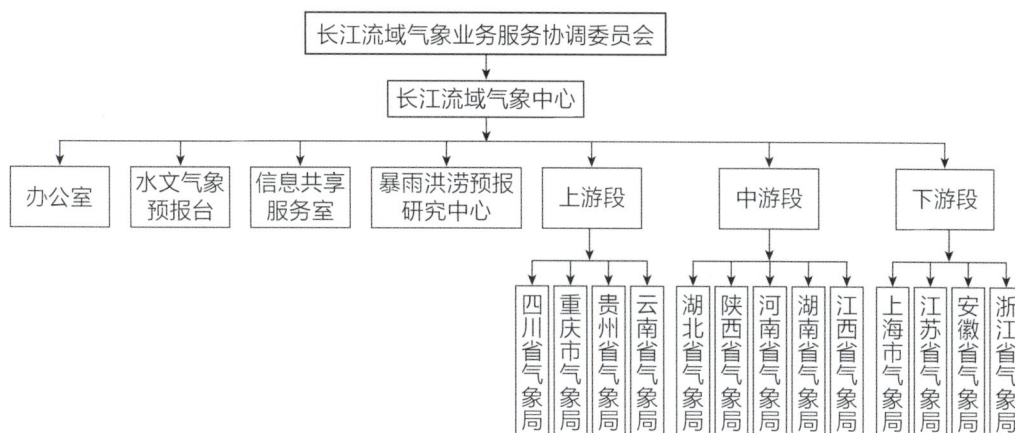

```
长江流域气象业务服务协调委员会
          │
   长江流域气象中心
          │
┌────┬────┬────┬────┬────┬────┬────┐
办公室 水文气象 信息共享 暴雨洪涝预报 上游段 中游段 下游段
      预报台  服务室  研究中心
```

四川省气象局　重庆市气象局　贵州省气象局　云南省气象局　湖北省气象局　陕西省气象局　河南省气象局　湖南省气象局　江西省气象局　上海市气象局　江苏省气象局　安徽省气象局　浙江省气象局

◀ 长江流域气象中心组织结构图（制图：王诗、郭坦）

　　长江流域气象中心成立后即召开建设研讨会。之后每年召开长江流域气象服务工作会议，并举行业务交流活动。

▲ 2010 年，长江流域气象中心组织全国流域水文气象服务暨第一届长江流域水文气象服务技术交流会（摄影：陆铭）

▲ 2010 年 4 月，长江流域气象中心首次对外发布气象服务产品（摄影：陆铭）

▲ 2011 年长江流域气象中心专业气象服务体系建设方案研讨（摄影：陆铭）

▲ 2011 年长江流域气象服务协调委员会会议在湖北十堰召开（摄影：陆铭）

2015 年，水利部长江水利委员会主任刘雅鸣（左二）、副主任魏山忠（右一）到长江流域气象中心调研（摄影：李傲）▶

▲ 2017 年长江流域气象业务服务协调委员会办公室电视电话会议（摄影：陆铭）

▲ 2019 年长江流域防汛和航运气象服务工作推进会在武汉召开（供图：减灾处）

　　围绕长江大保护和长江经济带建设，打破省际界限、部门壁垒，建立长江流域气象防灾减灾、长江航运气象保障等服务机制。长江流域气象中心联合长江水利委员会及流域上下气象、水利、海事、航运等部门，绘就防汛"一张图"、织就航运"一张网"、达成联动"一盘棋"，经受住 2016 年长江中游特大洪水、2017 年罕见秋汛的严峻考验。

　　"长江流域气象中心业务服务体系建设""长江航运智慧气象服务"分获 2012 年、2018 年全国气象部门创新工作奖。"湖泊湿地生态气象服务新技术助力长江大保护"2019 年获全国智慧气象服务创新大赛气象服务技术创新一等奖。

长江流域气象中心建设运行管理办法

序号	文件名	文号
1	《长江流域气象中心组建方案》	华中域气函〔2009〕6 号
2	《长江流域气象服务办法（试行）》	长江域气发〔2010〕4 号
3	《长江流域气象中心长江防汛抗旱应急响应工作规定》	长江域气发〔2014〕3 号
4	《长江航运气象服务业务管理办法（试行）》	长江域气发〔2019〕2 号

业务进程篇

蓄力谋发，日新月异。

纵览 70 年湖北气象业务成长轨迹，不断紧跟经济社会发展，夯实基础、提升能力、提高业务服务水平。1984 年绘就气象现代化发展蓝图，2005 年深化业务技术体制改革，2015 年建成气象灾害立体监测网，2017 年在中部地区率先基本实现气象现代化，2018 年实行现代化的省一地一县一体化气象业务服务，功能齐备的湖北现代气象业务体系跻身行业领先。

气象观测

气象观测是气象业务的基石，观测现代化是气象现代化的坚实基础。新中国成立 10 年，湖北地面气象观测站从稀有到密布；新中国成立 20 年，地面、高空气象观测业务布局基本形成；新中国成立 70 年，建成间距小至 6~10 千米的地面气象观测网、灾害性天气高空地面立体监测网和适应交通、旅游等不同行业需求的专业气象观测网，新型地面观测装备让台站无人值守成为现实。

▲ 20 世纪 60 年代恩施州巴东县绿葱坡气象站与现今的绿葱坡气象站对比（供图：张洪刚）

▲ 荆门市气象观测站（供图：荆门市气象局）

◄ 孝感国家基准气候
　（摄影：程军）

◄ 拥有多种先进设备的中国气象局武
　汉暴雨研究所外场试验基地
　（供图：咸宁市气象局）

黄冈市浠水县气象观测站 ▶
（摄影：陆铭）

恩施市来凤县气象观测站 ▶
（供图：恩施州气象局）

湖北省综合气象观测站表

站点 / 设施		数量	站点 / 设施		数量	站点 / 设施		数量
国家级地面气象观测站	基准气候站	5	高空气象观测站	L 波段探空系统	3	农业气象观测站	农业气象观测站	30
	基本气象站	27		风廓线雷达	6		自动土壤水分观测站	46
	气象观测站	50		GNSS/MET	73		生态气象观测站	38
	天气站	245		GPS 移动探空站	1		小计	114
	小计	327		小计	83	气候资源观测站	太阳辐射观测站	8
区域气象观测站	单雨量	752	天气雷达站	新一代天气雷达	9		紫外辐射观测站	1
	2 要素	178		常规雷达	2		太阳能光伏发电试验基地	1
	4 要素	1063		科研用雷达	3		小计	10
	5 要素	17		小计	14	雷电监测站	二维雷电监测站	13
	6 要素	99	环境气象监测站	酸雨观测站	32		三维雷电监测站	19
	7 要素	115		大气成分观测站	19		小计	32
	8 要素	77		空气负氧离子监测站	50	应用气象观测	应急移动气象台	5
	9 要素	11		小计	101		小计	5
	单能见度	2	空间天气监测站	空间天气监测站	4			
	小计	2314		小计	4			

通用站名		管理层级	数量
大气本底站		国家级	1
基准气候站		国家级	5
基本气象站		国家级	27
（常规）气象观测站		国家级	295
		省级	2115
应用气象观测站	农业	国家级	2
	交通	省级	179
	旅游	省级	40
	生态	省级	35
	林业	省级	1
	环境	省级	1
	其他	省级	2
综合气象观测（科学）试验基地		国家级	1
综合气象观测专项试验外场		国家级	2
高空气象观测站		国家级	3
		省级	1
天气雷达站	新一代天气雷达	国家级	9
	风廓线雷达	国家级	1
		省级	2

▲ 全省观测值班硬件设施全面改善，图为咸宁市气象局综合观测值班室（供图：咸宁市气象局）

▲ 现代新型地面气象观测装备让无人值守成为现实（资料图）

天气雷达监测从重点区域到全域，提升了短时临近灾害监测预警能力。1986 年，我国首次引进的数字化天气雷达投入使用；1991 年，建成具有国内先进水平、极轨和静止卫星兼容的接收处理系统。2018 年，15 部天气雷达各就各位，与地面呼应形成立体观测网。

（供图：十堰市气象局）

▲ 1986 年我国首批引进的数字化天气雷达在武汉率先建成投入使用（资料图）

（供图：神农架林区气象局）

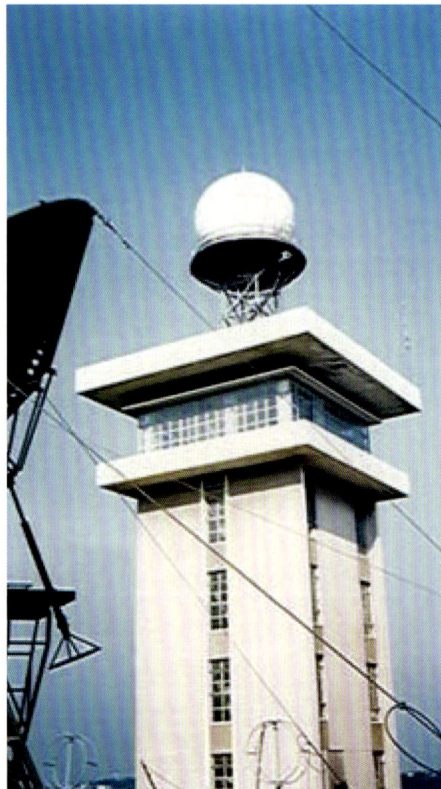

（供图：荆门市气象局）

（摄影：张洪刚）

（供图：宜昌市气象局）

（摄影：徐辉）

（摄影：张希鹏）

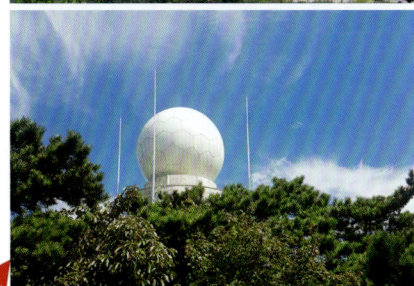

（供图：黄冈市气象局）

审图号：GS(2017)1267号
国家测绘地理信息局 监制

（资料图）

供图：荆州市气象局）

（供图：咸宁市气象局、武汉暴雨所）

（供图：黄石市气象局）

专业观测从点到面到涉及多行业。400 余个交通、农业、环境、水体、旅游等专业气象观测站组成的各类专业气象观测网和与测绘、林业部门共建的北斗地基遥感监测网、空气负氧离子生态监测网服务各行业、各领域发展成效显著。

交通气象监测网位居全国前列

▲ 2006—2015 年，湖北累计建设交通专业气象站 183 个，空间距离约 20 千米，覆盖 8 条国家级高速公路（资料图）

◄ 高速公路交通气象站
（供图：气象服务中心）

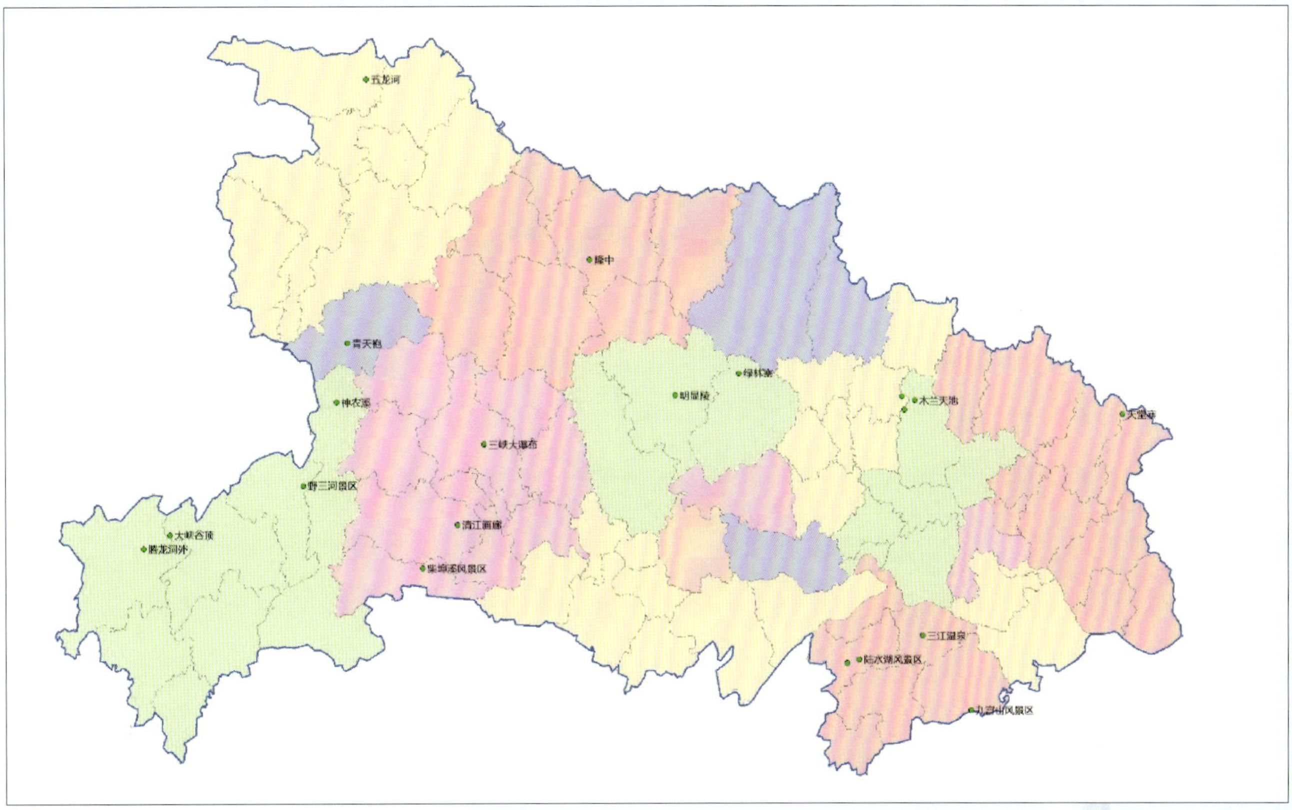

▲ 旅游气象站分布（供图：观测处）

华中屋脊神农顶旅游气象站 ▶
（供图：神农架林区气象局）

宜昌百里荒旅游景区气象观测站 ▶
（摄影：陆铭）

▲ 中科院武汉植物园气象站（供图：杨志彪）

▲ 淡水养殖气象监测（供图：王章敏）

▲ 环境监测（资料图）

▲ 闪电定位仪（供图：鄂州市气象局）

▲ 空气负氧离子监测（摄影：陆铭）

▲ 微波辐射计（供图：咸宁市气象局）

▲ 农田小气候监测仪器（供图：王章敏）

▲ 太阳辐射传感器（供图：咸宁市气象局）

▲ 便携式气溶胶观测仪
　（供图：咸宁市气象局）

▲ 咸宁金沙大气本底站（供图：咸宁市气象局）

▲ 全球卫星定位系统
　（供图：咸宁市气象局）

▲ 中国气象局武汉暴雨研究所外场试验基地（供图：咸宁市气象局）

为保证观测精准度，气象观测员、设备检修员奋战在烈日下、暴雨中、寒冬时、高山上、黑夜里。

◄ 烈日下的自动气象站检修
（摄影：何欢）

◄ 冒雨检查观测设备
（供图：荆门市气象局）

涉水观测 ►
（摄影：周芳）

▲ 高山上、寒夜里测量电线积冰（摄影：张洪刚）

湖北气象观测史上一件特殊大事——2007 年 12 月，日本友人将抗战时期在武汉的气象观测资料（1939 年 1 月—1941 年 5 月和 1941 年 7 月—1943 年 11 月）送交武汉市气象局，填补了武汉那段时期的气象资料空白。

▲ 武汉抗战气象资料交接仪式（摄影：杨夏）

湖北是参加南极气象科考人数最多的省份。这群特殊的气象观测员代表着中国。

2001 年，湖北省气象局杨志彪 ▶
（供图：杨志彪）

2006 年，荆州市气象局汪孝清 ▶
（供图：汪孝清）

▲ 2009 年，宜昌市气象局毛成忠（供图：毛成忠）

▲ 2012 年，武汉市气象局张本正（供图：张本正）

◀ 2016 年，十堰市气象局
文强（供图：文强）

▲ 2017 年，荆门市气象局李鑫（供图：李鑫）

2019 年，荆州市气象局 ▶
李文波（供图：李文波）

气象通信

气象通信始终紧随通信技术发展而发展，为气象业务服务提供强有力的支撑。历经无线通信、电传报（电）路传送等方式，至20世纪80年代进入计算机时代，1994年实现气象通信数据计算机自动处理，1997年建成地级卫星通信系统。2008、2010、2019年，每秒12万亿次、75万亿次、120万亿次的高性能计算机落户武汉。气象大数据平台使部门内10省（市）观测数据响应时间从10分钟降到30秒，部门外"气象云＋楚天云"广泛应用。

▲ 20世纪60年代的湖北恩施绿葱坡气象站
（供图：张洪刚）

▲ 20世纪80年代初荆门市气象局高频电话接收报文
（资料图）

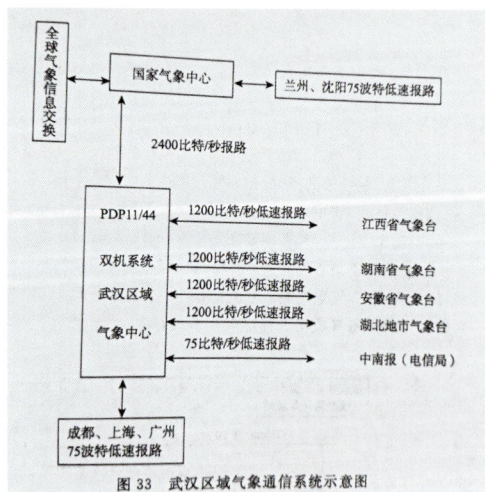

图33 武汉区域气象通信系统示意图

▲ 1957—1985年，以电传和传真为主体的气象通信系统（资料图）

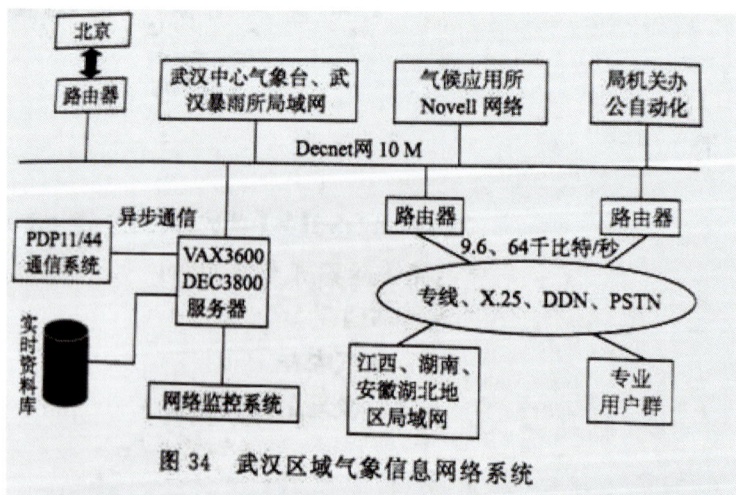

图34 武汉区域气象信息网络系统

▲ 1989—1995年以计算机网络为主体的信息网络系统（资料图）

◀ 20 世纪 90 年代，湖北省内气象辅助通信网已联通各地区（资料图）

▲ 20 世纪 90 年代的通信计算机系统（资料图）

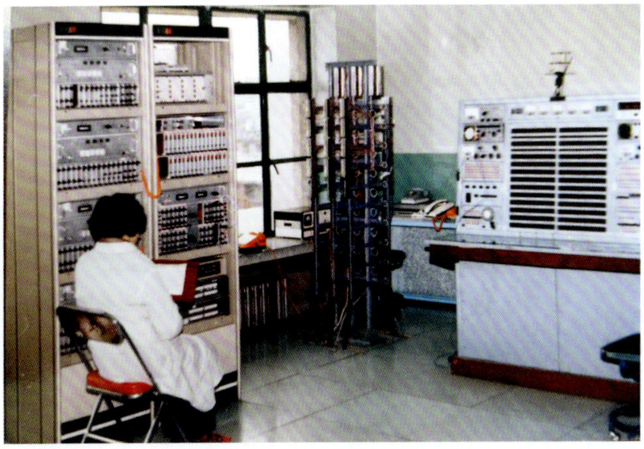

▲ 20 世纪 90 年代通信传输控制室（资料图）

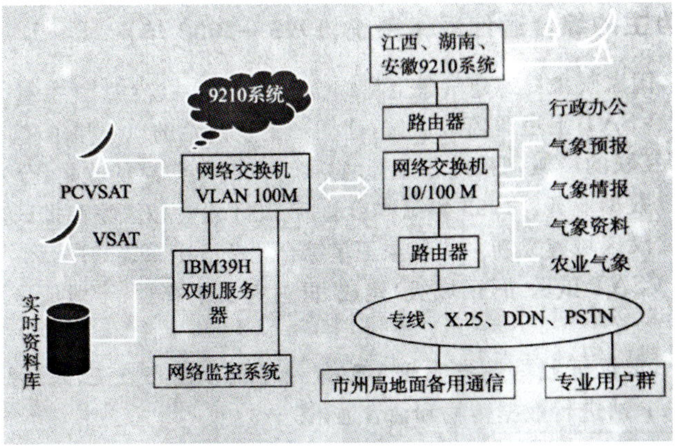

▲ 20 世纪末的湖北气象计算机网络系统（资料图）

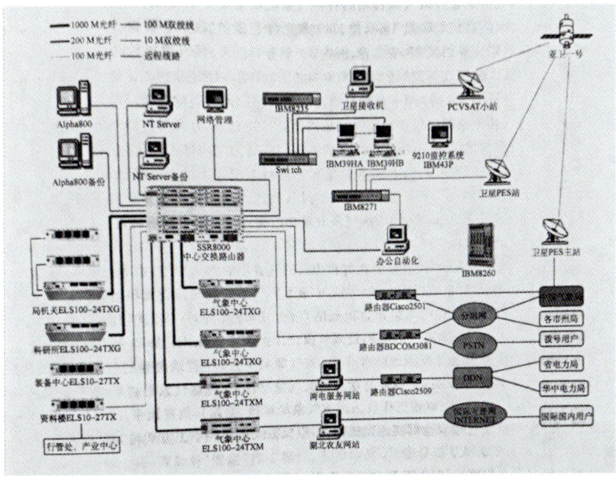

▲ 2000 年建成的湖北省级气象高速宽带局域网（资料图）

1. 2011 年湖北省气象网络拓扑结构图（供图：观测处）

2. 2018 年湖北省气象局网络拓扑结构图
   （供图：观测处）

3. 2008 年建成每秒 12 万亿次的高性能计算机
   （供图：王章敏）

4. 2010 年建成每秒 75 万亿次的高性能计算机
   （资料图）

5. 2019 年，每秒 120 万亿次的高性能计算机服务第七
   届世界军人运动会（供图：武汉市气象局）

至 2018 年，全省所有市（州）、直管市（区）和县（市、区）气象局开通高清视频会商系统。

▲ 省级视频气象会商室（摄影：孟英杰、唐悦）

▲ 襄阳市气象局视频会商（摄影：徐辉）

▲ 荆州市气象局视频会商室（摄影：杨锋）

▲ 孝感市孝昌县气象局视频会商室（摄影：华丽）

▲ 黄冈市浠水县气象局视频会商室
（摄影：易成功）

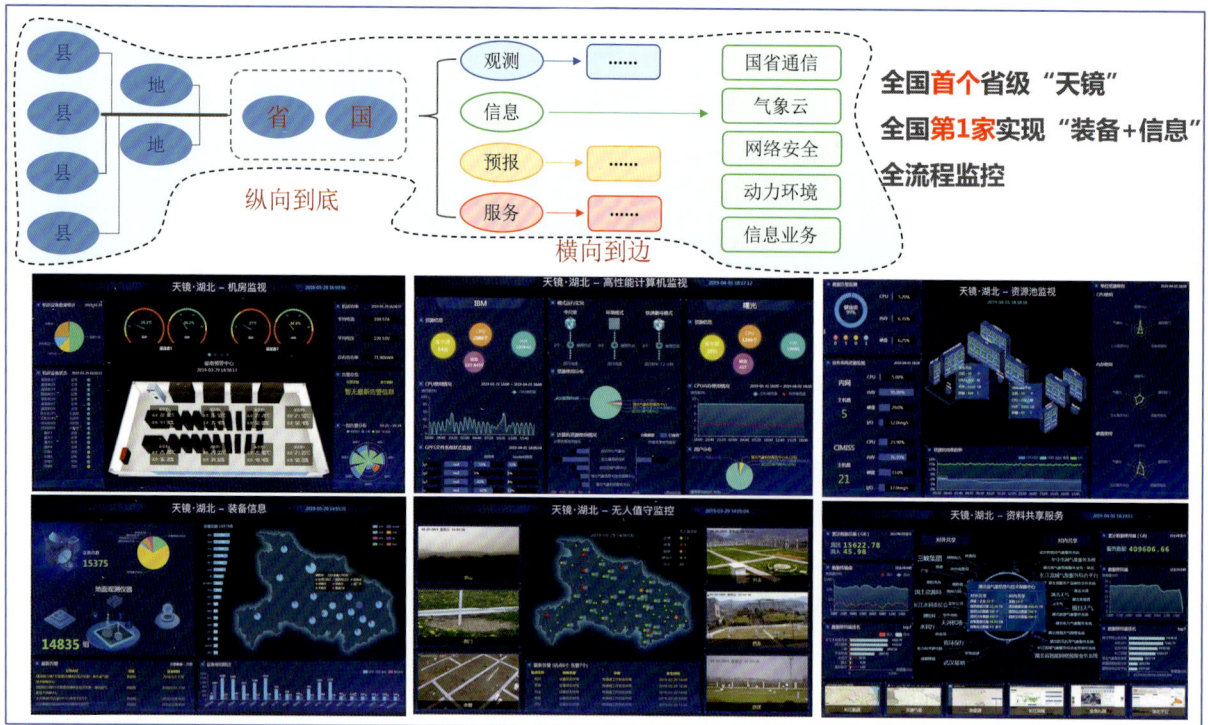

全国**首个**省级"天镜"

全国**第1家**实现"装备+信息"

全流程监控

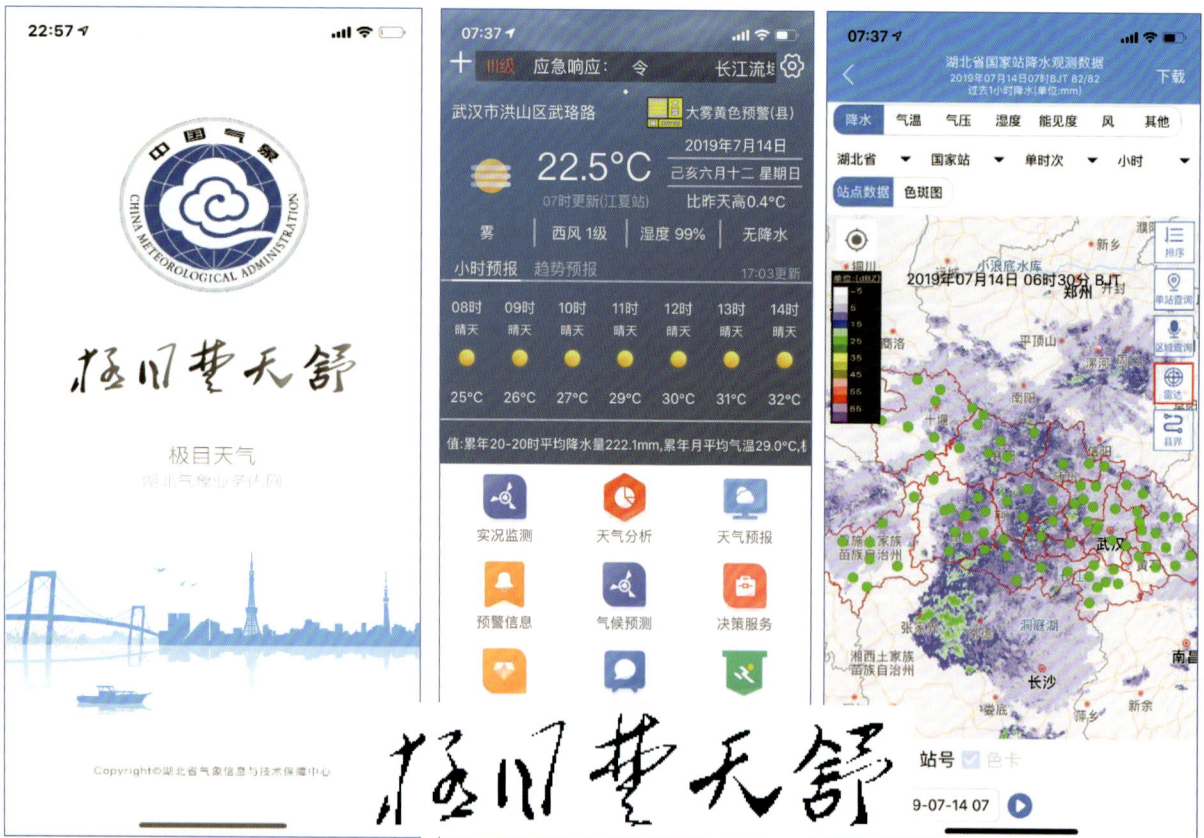

▲ 2018 年,"天镜湖北""极目天气"手机 APP 等信息化系统投入业务试运行(供图:观测处)

预报预警

70年来，气象预测预报预警技术的不断发展和预报准确率的不断提高，诠释着气象人的"初心"和"使命"。20世纪50年代初开始制作天气预报，短短几年发展到48个县气象（候）站制作本地补充预报；70—80年代，广泛开展以暴雨预报为主的各种灾害性天气预报方法研究；90年代，开发了水平分辨率100千米的华中暴雨数值预报业务系统、数值预报模式（MAPS）、天气预报制作系统（MICAPS）和在当时具有国际先进水平的中尺度暴雨数值预报模式系统（AREMS）。如今，无缝隙、全覆盖、精准化的智能网格预报业务全面展开，气象预测预报准确率保持较高水平。

▲ 1987年，华中暴雨数值预报业务化系统汛期正式投入业务应用（资料图）

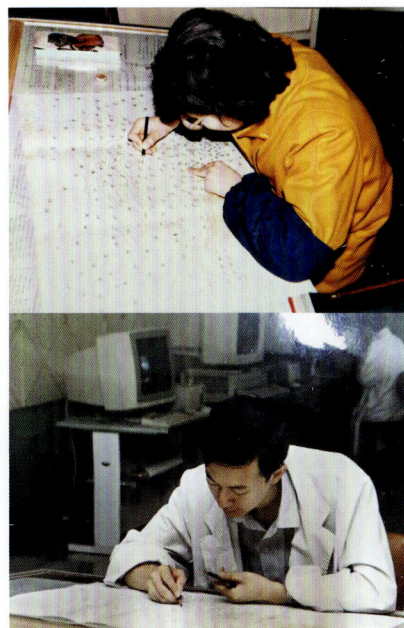

▲ 20世纪90年代人工绘制天气图（资料图）

▲ 20世纪90年代初的武汉中心气象台天气会商（资料图）

▲ 21世纪初的武汉中心气象台天气会商（资料图）

◀ 2009 年的武汉中心气象台天气会商
（摄影：陆铭）

◀ 2009 年底启用的武汉中心气象台
天气会商系统（摄影：陆铭）

2018 年启用的新一代天气预报 ▶
服务业务平面（摄影：唐悦）

2000 年后，相继建成精细化预报、暴雨定量预报和中小河流洪水、山洪地质灾害气象风险预警等多个预报预警业务系统以及突发事件预警信息发布系统；完善了长江流域气候趋势预测业务系统；建立了精细化城镇预报和强天气预警业务及暴雨中尺度天气分析业务，引进发展多个数值预报模式，形成长江流域气象预报预测产品。0~30 天无缝隙网格预报业务体系，实现了 0~10 天 2.5 千米空间分辨率气象要素和灾害性天气网格预报及 11~30 天降水、气温要素延伸期网格预报。

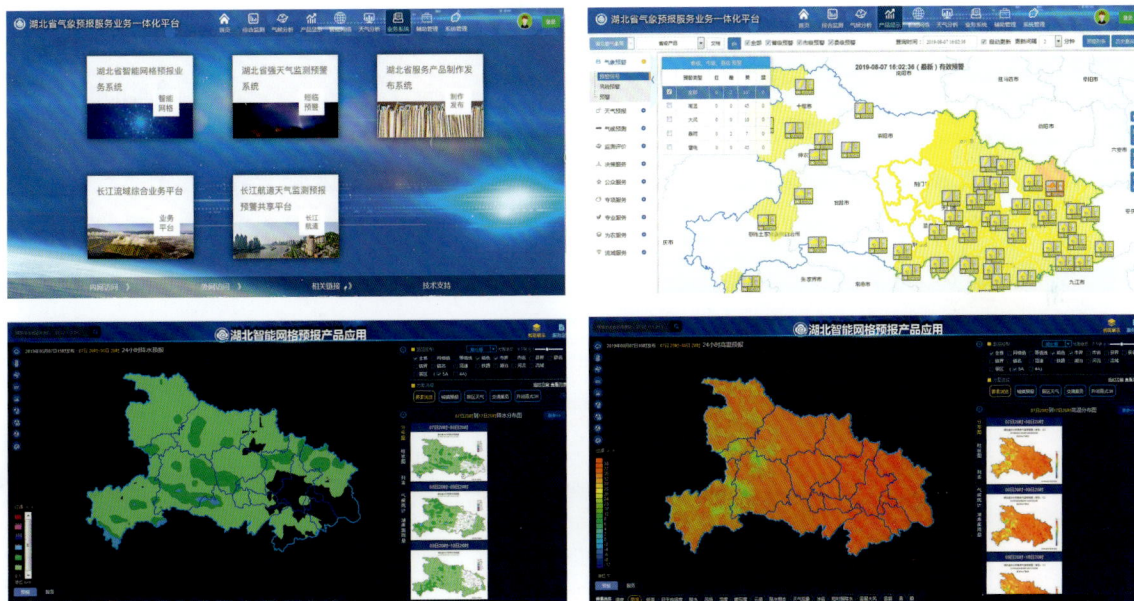

（供图：预报处）

"十一五"时期起，先后开展了湖北省、武汉区域、长江流域气候预测业务，建立了区域百年气温序列和 50 年气候变化基础数据集。

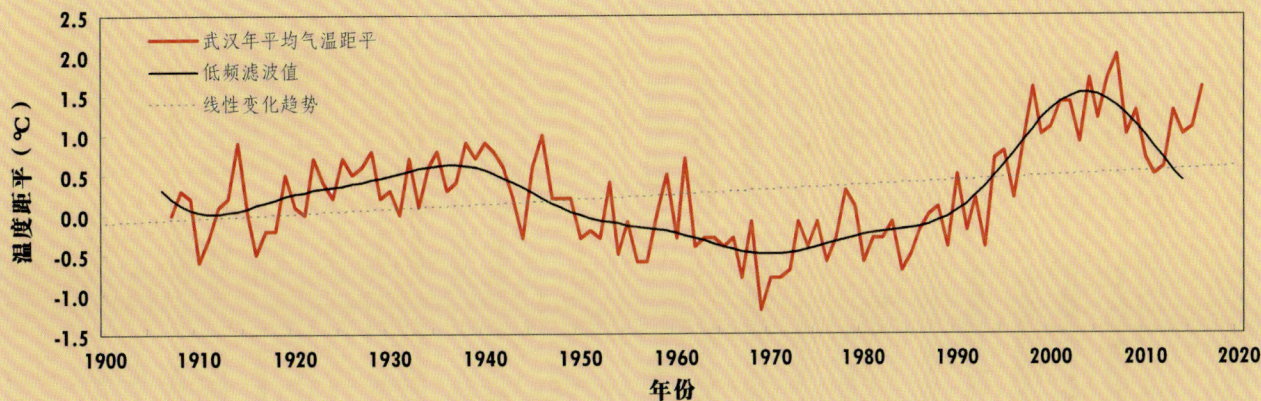

1907—2016年武汉观象台年平均气温距平变化

（供图：武汉区域气候中心）

70 年来，湖北气象预测预报不断推陈出新，实现了以数值预报产品为基础、人机交互处理系统为平台、综合应用机器学习多种技术方法的智能化、客观化和定量化分析预报的重大变革。迄今，无缝隙、全覆盖、精准化的智能网格预报业务全面开展，气象预测预报准确率保持较高水平。

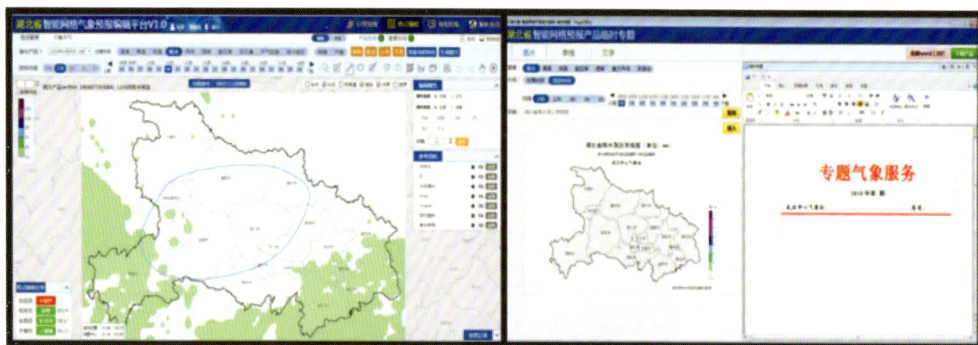

◀ 2018 年启用的智能网格化预报（供图：武汉中心气象台）

智能网格预报正式单轨业务运行

▲ 气象预报服务业务一体化平台以开放共享为目标，应用云计算、大数据、互联网＋、智能化、可视化等现代信息技术，集约众多观测、预报和服务系统功能，为市、县开展气象监测预报预警和长江流域气象中心开展业务服务提供平台支撑（供图：张宁）

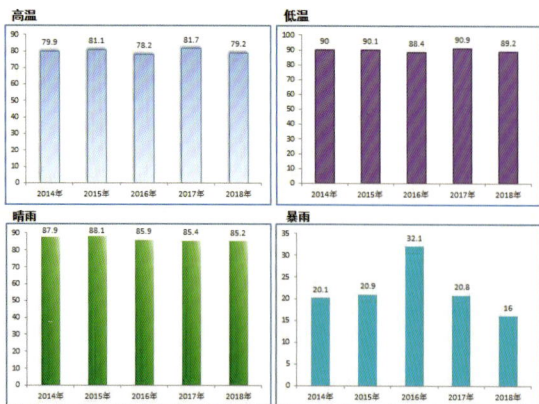

▼ 2018 年推出的精细化预报产品（供图：武汉中心气象台）

小时预报　　网格预报　　指数预报

▲ 近五年湖北 24 小时高温、低温、晴雨、暴雨预报准确率（制图：张宁）

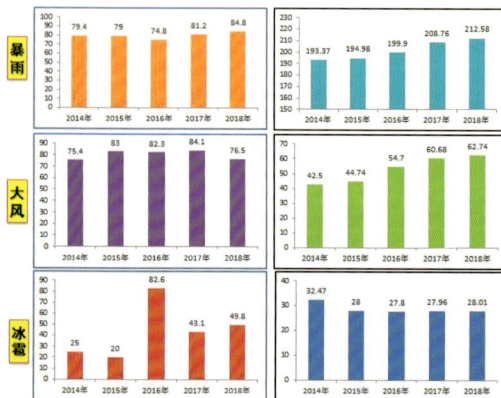

▲ 近五年暴雨、大风、冰雹预警信号准确率及时间提前量（制图：张宁）

▼ 近五年气温、降水和综合预测质量情况,其中, 2018 年气候预测综合质量全国排名第一,创 历史新高(制图:张宁)

气温

2014年	2015年	2016年	2017年	2018年
62.3	78.6	84.3	85.7	86.4

降水

2014年	2015年	2016年	2017年	2018年
65.5	77.3	73.2	78.6	87.7

综合质量

2014年	2015年	2016年	2017年	2018年
63.9	78	78.75	82.15	87

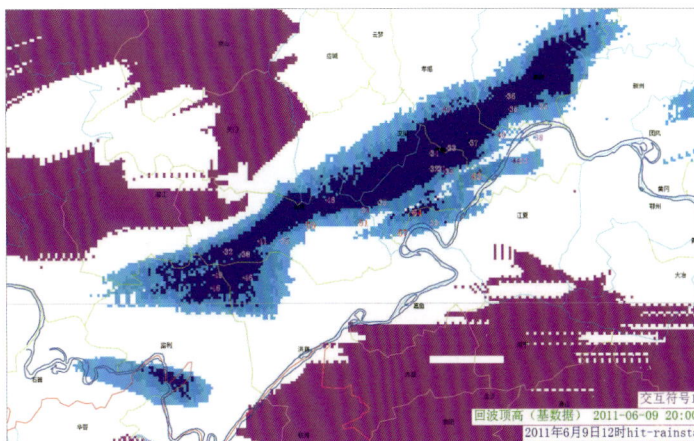

▲ 2016 年 6 月 18 日 03—04 时强降水概率预报图(红色区域为 无概率区域,数字为超过 30 毫米的自动气象站雨量) (制图:黄焕寅、张宁)

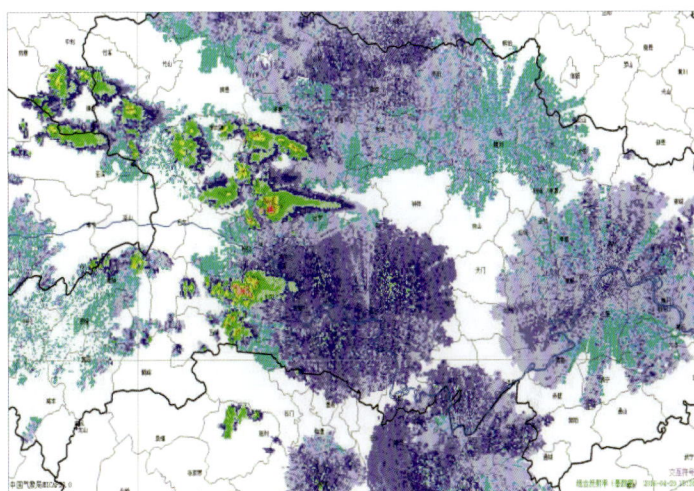

▲ 2019 年 4 月 29 日雷达回波实况(制图:黄焕寅、张宁)

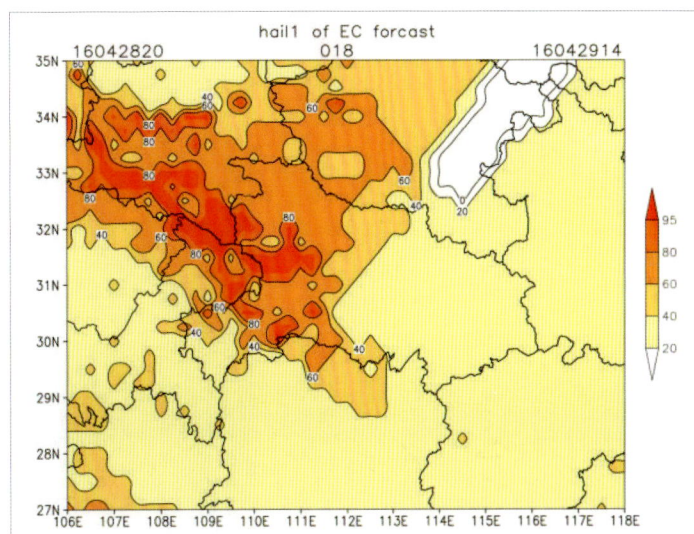

▲ 2016 年 4 月 28 日冰雹潜势预报图(制图:黄焕寅、张宁)

基础建设

70年来，夯实基层基础始终是湖北气象全面、整体、健康、持续发展的法宝，台站建设增强了基层发展活力和综合实力。"八五"期间实施台站基础设施达标工程，55个台站实现最低达标。"九五"至"十二五"，台站基础设施改善、创建"四个一流"和明星台站等专项建设，全面改善基层工作和生活条件，涌现出大批"花园式"台站。仅"十二五"期间，基础设施改善工程就惠及86%的台站，70%的台站基础设施建设达到现代化指标。

▲ 20世纪70年代武汉黄陂区气象局（站）办公楼（资料图）

▲ 20世纪60年代宜昌市气象观测场及其办公、生活区（资料图）

20世纪80年代宜昌当阳市 ▶
气象局（资料图）

武汉气象站，在1840年鸦片战争的动荡中开启观测，1869年建站。1949年与汉口王家墩空军机场气象台合并为汉口气象台，1954年改为中央气象局汉口中心气象台，开展预报和观测业务。1980年被定为国家基本站。2013年更名为武汉国家基本气象观测站。近年来，紧跟时代的脚步，加快气象现代化建设，高分辨率、自动化综合气象监测网初步建成，自动气象站网布局达到5千米间距分布，实现地面观测自动化、高空地面观测一体化和实时历史资料一体化，雾/霾监测、极轨卫星遥感监测等系统投入业务运行。2018年，从无到有、由小变大的武汉气象站获得全国"百年气象站"荣誉称号，2019年入选世界气象组织百年气象站。

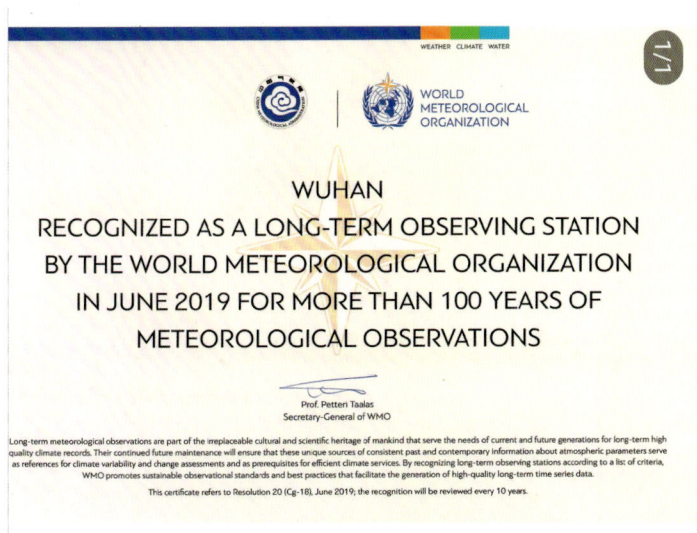

◀ 武汉百年气象站 WMO 证书
（供图：杨志彪）

20世纪80年代武汉气象站观测场 ▶
（供图：武汉市气象局）

▲ 2019年武汉国家基本气象观测站（武汉观象台）（供图：武汉市气象局）

▲ 探空雷达（供图：武汉市气象局）

湖北省气象局坚持把台站建设当成一件大事来抓。

▶ 2009 年湖北省台站建设工作会议
（摄影：陆铭）

▲ 2008 年起，湖北省气象局在全省气象部门组织开展"创建新型台站，共奔全面小康"建设，实施基层台站"五星工程"
（供图：郭坦）

▲ 2019 年，实施"强基工程"建设，推动省、市、县三级协调发展（供图：朱江）

▶ 基层新貌

▲ 武汉市气象局（供图：武汉市气象局）

▲ 武汉市蔡甸区气象局（供图：武汉市气象局）

▲ 武汉市新洲区气象局（供图：武汉市气象局）

◀ 恩施州气象局
　（摄影：张洪刚）

恩施州巴东县气象局 ▶
（摄影：张洪刚）

▲ 十堰市气象台（供图：十堰市气象局）

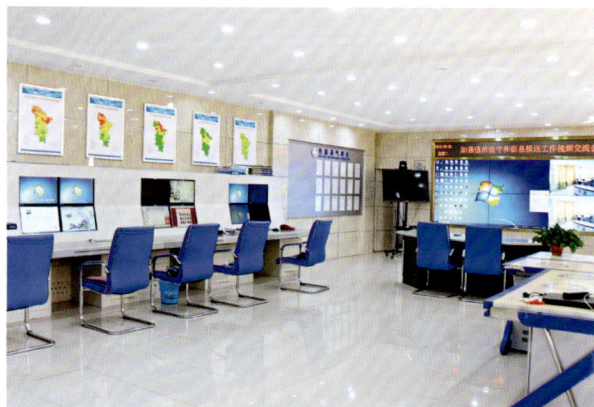

▲ 十堰市竹溪县气象台（供图：十堰市气象局）

宜昌市气象局 ▶
（供图：宜昌市气象局）

◀ 宜昌国家气象观测站
（供图：杨志彪）

▲ 宜昌市五峰县气象局（供图：宜昌市气象局）　　▲ 宜昌市枝江市气象局（摄影：陈石定）

◀ 襄阳市气象局（摄影：徐辉）

荆门市气象局 ▶
（供图：荆门市气象局）

▲ 荆门市沙洋县气象局（供图：荆门市气象局）

荆州市气象局
（摄影：杨锋）

随州市气象局 ▶
（摄影：张希鹏）

▲ 孝感市气象台（摄影：汪涵）

▲ 黄冈市气象局（供图：黄冈市气象局）

▲ 黄冈市蕲春县气象局（供图：黄冈市气象局）

▲ 黄石市气象局（供图：黄石市气象局）

▲ 鄂州市气象局（摄影：杨辉）

▲ 天门市气象局（供图：天门市气象局）

▲ 潜江市气象局（供图：潜江市气象局）

▶ 仙桃市气象局
（摄影、供图：陈仁芳）

▲ 神农架林区气象局（供图：神农架林区气象局）

（摄影：冯光柳）

气象服务篇

需求牵引，紧跟时代。

回首 70 年湖北气象服务的拓展历史，从为军事服务起步，到为国防、经济社会建设发展、国家战略实施，方式和手段紧随科技发展而发展，实现决策服务门类齐全、公众服务种类繁多、专业专项服务有的放矢。气象防灾减灾社会化格局形成，一体化的湖北综合气象服务体系竞进部门一流。

防灾减灾服务

地处南北气候过渡带的湖北，气象灾害多发、频发、重发，防灾减灾是气象工作的首要任务。70 年来，湖北气象人始终坚持以人民为中心，牢牢守住"第一道防线"，竭尽全力服务防灾减灾抗灾救灾，以准确、及时、优质、高效的气象服务满足各级领导决策部署和指挥调度需求，屡建功勋。

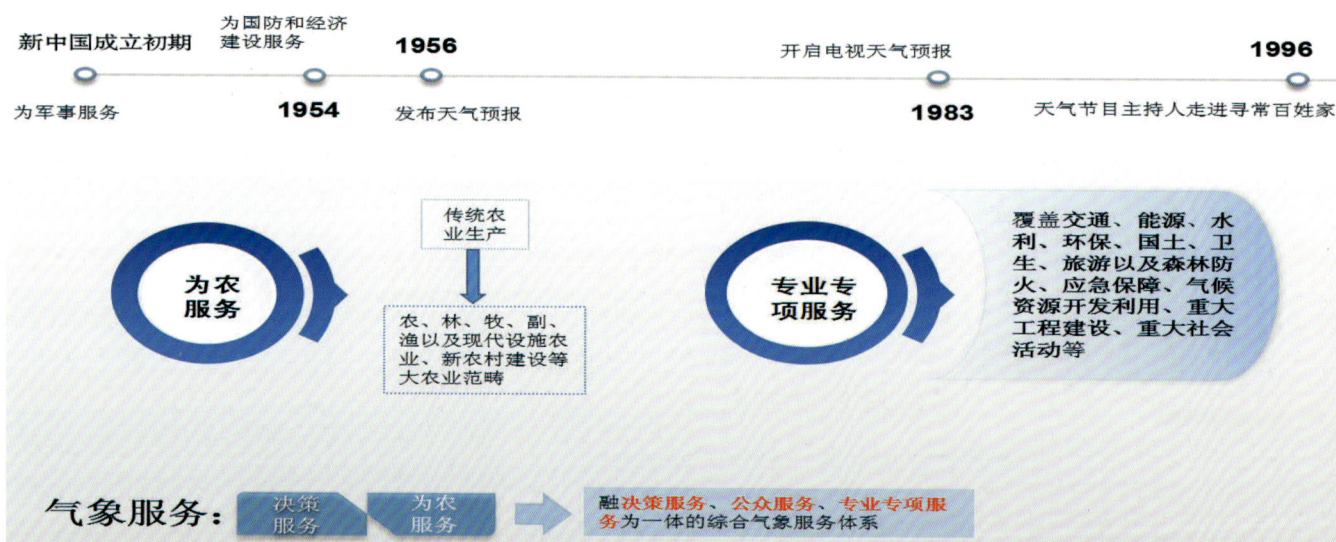

新中国成立初期　　为国防和经济建设服务　　**1956**　　开启电视天气预报　　**1996**

为军事服务　　**1954**　　发布天气预报　　**1983**　　天气节目主持人走进寻常百姓家

为农服务

传统农业生产

农、林、牧、副、渔以及现代设施农业、新农村建设等大农业范畴

专业专项服务

覆盖交通、能源、水利、环保、国土、卫生、旅游以及森林防火、应急保障、气候资源开发利用、重大工程建设、重大社会活动等

气象服务：决策服务　为农服务　➡　融**决策服务、公众服务、专业专项服务**为一体的综合气象服务体系

▲ 湖北气象发展进程（制图：王诗）

长江汉江交汇、5000 余中小河流交错，千湖之省的湖北，防汛是天大的事。1954、1981、1996、1998、2010、2011、2016 年，一次次长江流域特大洪涝、一次次省内区域性严重内涝，气象服务屡建奇功。

▲ 城市渍水严重（资料图）　　　　▲ 火车涉水而行（资料图）　　　　▲ 武汉关码头江

1954 年，长江发生全流域特大洪水，武汉关 29.73 米的最高水位记录保持至今。汉口中心气象台与中央气象台联合会商，为荆江分洪、武汉防洪决策提供了重要依据。

一九五四年八月十八日武汉关水位
The water level at Wu Han Customs in August 18th 1954
最高水位
the highest water level
29.73 metres　29.73 metres
（冻结吴淞基面）
frozen sea Level in wusong

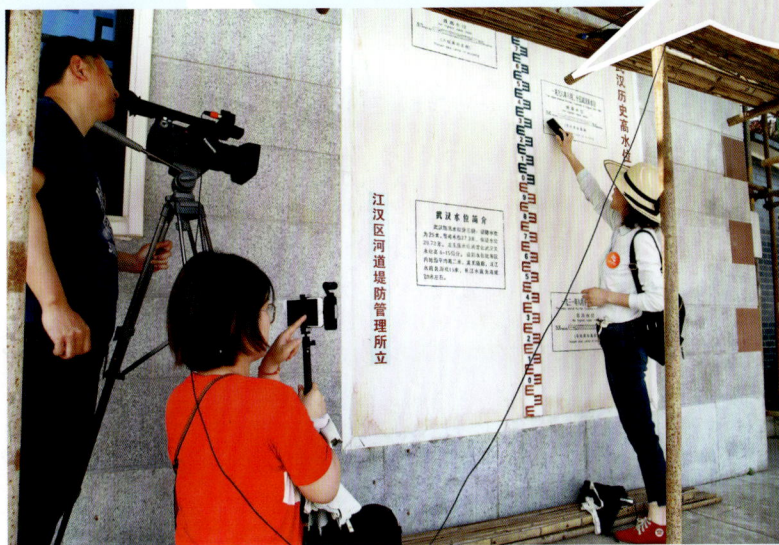

电话、短信、网站、显示屏、大喇叭和微博、微信、手机APP逐步全方位覆盖用户

2000

▲ 1954 年，武汉关 29.73 米的最高水位（图中最高方框内）记录保持至今（摄影：张洪刚）

▲ 1954 年洪水印记（摄影：张洪刚）

房屋被淹（资料图）

▲ 荆江分洪（资料图）

1998 年长江咆哮、举世瞩目，防灾减灾气象服务面临大考。力挽狂澜的准确预报支撑着"抗洪不分洪"的重大决策，最大程度保护了人民群众的生命财产安全。

▲ 洪水致咸宁嘉鱼县簰洲湾民堤溃口，牲畜爬到屋顶逃生（资料图）

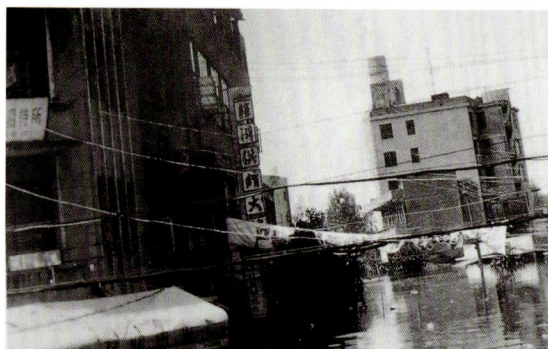

▲ 簰洲镇被淹（资料图）

万里长江险在荆江。▶
45.22 米的沙市水位超过国务院规定的分洪水位 0.22 米（摄影：张洪刚）

◀ 全省气象干部职工为灾民送衣送被送温暖（资料图）

▲ 湖北省委书记贾志杰（左二）、副书记杨永良（左三）、省军区司令员贾雷坤（左4）到武汉中心气象台现场部署指挥防汛抗灾工作（资料图）

▲ 中国气象局党组书记、局长温克刚（中）到抗灾救灾一线的荆江大堤指导气象服务（资料图）

"98"抗洪取得历史性伟大胜利，气象服务功不可没。全省气象部门5个集体、15名个人受到省部级以上表彰。

湖北省气象局被授予"全国防汛抗洪先进集体""全国科技界抗洪救灾先进集体"，荣立"湖北省1998年抗洪抢险集体一等功"，武汉中心气象台台长郑启松同时被授予"全国抗洪模范"。

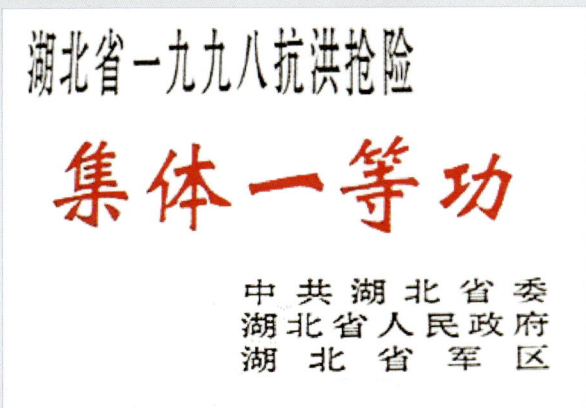

湖北省一九九八抗洪抢险

集体一等功

中共湖北省委
湖北省人民政府
湖北省军区

▲ 郑启松同志近照

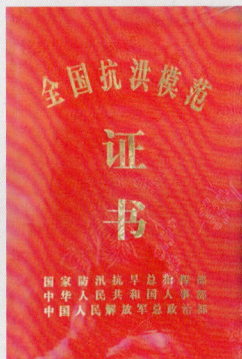

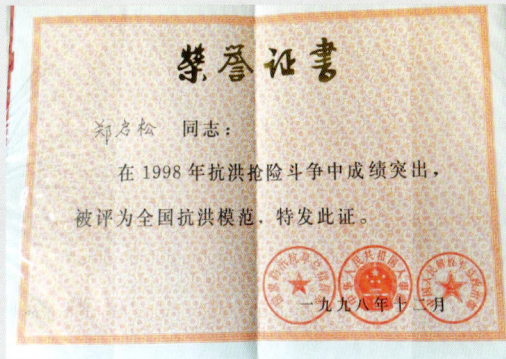

全国抗洪模范
证书

荣誉证书

郑启松　同志：

在1998年抗洪抢险斗争中成绩突出，被评为全国抗洪模范，特发此证。

一九九八年十二月

▲ 郑启松同志荣誉证书（供图：郑启松）

2010 年，长江、汉江"两江夹击"，高位走洪、险情密布。准确及时周到的预报服务为科学应汛赢得宝贵时间，化险为夷。

▲ 荆州市洪湖市灾情现场（摄影：陆铭）

▲ 被淹没的农田、村庄（摄影：陆铭）

◄ 湖北省防汛抗旱指挥部多次召开会议，省气象局局长崔讲学向省长、省防汛抗旱指挥部指挥长李鸿忠（左七）和副省长、副指挥长赵斌等通报天气实况、趋势及气象服务情况（摄影：陆铭）

李鸿忠（右三）到省气象局调研指导，► 表示"气象增强了我们战胜洪水的信心。"（摄影：陆铭）

湖北省副省长赵斌（前左二）在中央气象台连线湖北，听取天气会商，部署防汛气象服务工作。前左三为中国气象局副局长矫梅燕（摄影：陆铭）

赵斌（左五）随后赶到黄冈市受灾现场，慰问群众、调研防汛气象服务（摄影：吴立霞）

主动加强舆论引导，权威发布、稳定民心。湖北卫视记者参加完夜间全省天气会商后采访首席预报专家（摄影：陆铭）

2011 年汛期，湖北再遭强暴雨袭击。十堰房县山体滑坡形成堰塞湖，情况告急、形势严峻。气象专家奔赴一线开展监测预报服务，转危为安。

武汉中心气象台与前线视频会商 ▶
（摄影：陆铭）

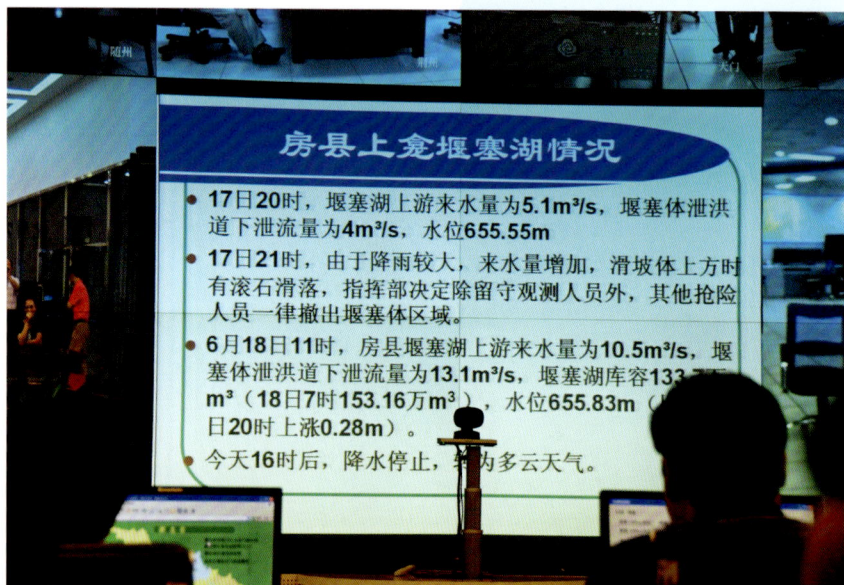

▲ 湖北省省长王国生（左图前排左三）在武汉中心气象台连线十堰市气象局，了解堰塞湖实时天气、水体情况和险情，指挥抢险救灾。王国生表示支持气象事业发展是回答群众的期盼（摄影：陆铭）

▲ 现场设立应急移动气象台，服务抢险救灾（供图：十堰市气象局）

▲ 气象专家在应急车上向十堰市政府领导通报天气情况
　（供图：十堰市气象局）

2016 年，湖北大范围特大内涝致灾情超过 1998 年。从年初专报提示到汛期全力服务，"发令枪""消息树"为决策、指挥起到关键作用，灾害损失远低 1998 年。

▲ 城市渍涝（摄影：陆铭）

▲ 湖北省委书记李鸿忠在省委总值班室与省气象局、省水利厅视频会商（摄影：陆铭）

▲ 每天 3~4 次加密会商（摄影：陆铭）

▲ 流域天气会商（摄影：陆铭）

▲ 湖北省气象局参与省防汛抗旱指挥部组织召开的每天一次、连续19天的新闻发布会。气象信息为湖北省委省政府决策梁子湖炸堤分洪提供科学依据，副省长任振鹤（中）亲自发布省委省政府重大决策。右三为省气象局局长崔讲学（摄影：陆铭）

湖北省政府新闻办召开三次新闻发布会，通报雨情、汛情、灾情（摄影：陆铭）▶

▲ 检查山洪沟、水库雨量站设备（摄影：孙志娟）

▲ 灾情调查评估（供图：气候中心）

▲ 灾情现场新媒体直播服务（供图：公众气象服务中心）

▲ 灾情一线现场服务（供图：杨夏）

2017 年，根据长江流域气象中心气候预测，长江流域防汛抗旱总指挥部提前部署防灾减灾工作。

▲ 长江流域防汛抗旱总指挥部召开会议，副秘书长、长江流域气象中心主任崔讲学通报天气气候情况（摄影：陆铭）

国家粮食主产区、鱼米之乡，农业大省的湖北，抗旱也是生命线。1972、1978、2011、2013 年，一次次旱魔侵扰、一次次望天兴叹，气象服务传颂虎口夺粮佳话。

▲ 2011 年，百里洪湖无浪可打（资料图）

▲ 随州广水玉米旱灾（供图：省人影办）

▲ 随州广水水稻旱灾（供图：省人影办）

▲ 加密会商，完善措施，压实责任，服务抗旱（摄影：陆铭）

▲ 组织媒体集中采访，引导舆论，传播科普知识，增强全社会防灾减灾意识和能力（摄影：陆铭）

▲ 人工增雨时刻准备

▼ 2011 年，襄阳柳树岗水库旱情
（供图：省人影办）

▲ 水库增雨整装待发

▲ 防雹作业进入现场

（供图：省人影办）

天灾无情，气象有情。2008、2018、2019年持续低温雨雪冰冻天气，决策服务、专业服务、民生服务缓解电力、交通、菜篮子压力，深得民心。

▲ 菜农雪地扒菜保证市场供应

▲ 积雪观测

▲ 清扫卫星天线

▲ 抢修自动气象站

（本页摄影、供图：王章敏）

◀ 2018年1月，湖北省常务副省长黄楚平（正面左一）在省气象局主持省防汛抗旱指挥部成员单位会议，部署防御低温雨雪冰冻灾害天气工作（摄影：陆铭）

◀ 2018年2月，副省长周先旺到省气象局调研慰问，充分肯定气象防灾减灾服务取得的成绩（摄影：陆铭）

◀ 加密会商（摄影：陆铭）

▲ 2018 年，省政府新闻办召开新闻发布会通报雨雪冰冻天气、未来趋势和气象服务情况（摄影：陆铭）

▲ 专家回答记者提问（摄影：陆铭）

▲ 2019 年初，湖北再次遭遇持续低温雨雪冰冻天气，省政府新闻发布会回应社会关切（摄影：陆铭）

▲ 专家回答记者提问（摄影：陆铭）

防灾减灾应急气象服务在社会突发事件中发挥重要作用。2010 年、2016 年，两人被省委省政府表彰为"湖北省应急工作先进个人"。

2015 年，长江监利段"东方之星"沉船事件发生后，气象专家第一时间赶赴灾害现场，服务抢险救援和事故原因分析（摄影：龚璇）▶

▲ 十堰双星轮胎厂火灾现场气象应急服务（供图：十堰市气象局）

▲ 移动气象台在应急和重大社会活动中发挥的作用越来越大（摄影：杨夏）

▲ 恩施州气象局火灾现场应急气象服务演练（摄影：张洪刚）

▲ 荆门市气象局石化厂事故应急气象服务演练（摄影：杨悦）

"党委领导、政府主导、部门联动、社会参与"的防灾减灾机制不断建立和完善，气象灾害防御社会化格局形成。

▲ 2009 年，首个地方性气象灾害防御规划《仙桃市气象灾害防御规划》启动并编制完成（摄影：陆铭）

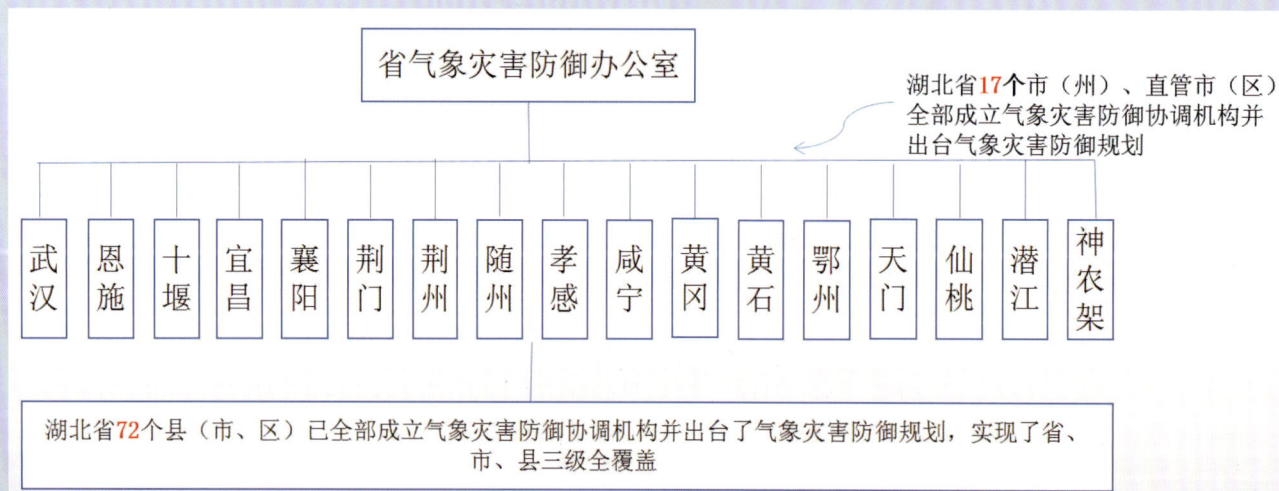

省气象灾害防御办公室

湖北省**17个**市（州）、直管市（区）全部成立气象灾害防御协调机构并出台气象灾害防御规划

| 武汉 | 恩施 | 十堰 | 宜昌 | 襄阳 | 荆门 | 荆州 | 随州 | 孝感 | 咸宁 | 黄冈 | 黄石 | 鄂州 | 天门 | 仙桃 | 潜江 | 神农架 |

湖北省**72个**县（市、区）已全部成立气象灾害防御协调机构并出台了气象灾害防御规划，实现了省、市、县三级全覆盖

▲ 目前，全省所有市（州）、直管市（区）和县（市、区）、乡（镇）、村均建立相应的气象灾害防御体系（制图：王诗）

▲ 2012年6月，中共湖北省委常委、常务副省长王晓东（中）参加省突发事件预警信息发布平台开通仪式（摄影：李傲）

◀ 加强气象防灾减灾舆论引导（供图：毛坚强）

2013年全国地质灾害气象预警▶
预报现场会议代表考察夷陵区
地质灾害气象预警预报示范点
（摄影：陆铭）

重大专项服务

举世瞩目的三峡工程、名震中外的第七届世界军人运动会气象服务，在湖北气象史上写下浓墨重彩的光辉篇章。

▶ 三峡工程服务

1991 年建立三峡气象站，三峡工程气象保障服务与工程建设同步开展；1993 年成立三峡气象服务中心，从保障三峡工程安全施工，到保障三峡水库安全运行、服务水电科学调度，湖北省气象局与三峡集团合作不断加深。

▲ 三峡大坝（摄影：王罡）

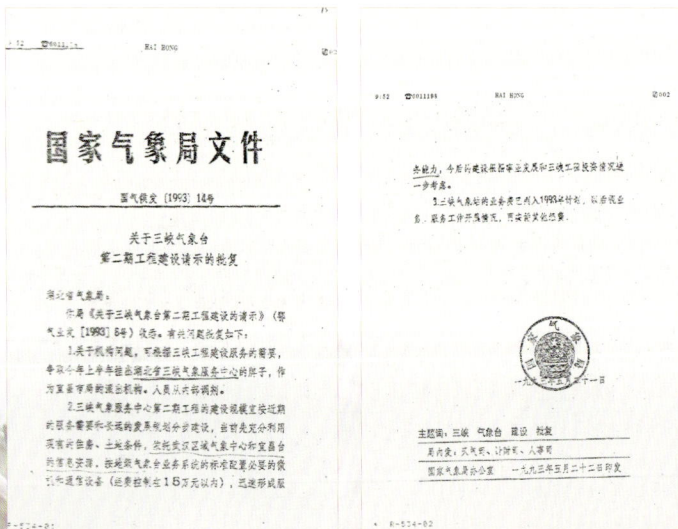

▲ 三峡气象服务中心成立批复文件（资料图）

▲ 1985 年 7 月，国务院三峡经济开发办公室主任李佰宁和国家气象局副局长骆继宾到宜昌参加三峡地区气象工作会议（资料图）

1991 年，三峡坝区建设第一个地面、高空气象观测站。1992 年 1 月 1 日零时，三峡气象站正式开始气象观测。

▲ 1993 年 5 月，三峡气象服务中心挂牌，中国气象局副局长温克刚（左三）出席挂牌仪式（资料图）

▲ 三峡气象服务中心（供图：宜昌市气象局）

1994 年 5 月，三峡工程 ▶
首批技术服务合同签字
仪式在三峡开发总公司
建设部办公大楼举行，
宜昌市气象局承担坝区
及三峡工程施工区域内
的气象预报和气象观测
（资料图）

▲ 1996 年 2 月，中国气象局在宜昌组织召开"长江三峡工程大江截流气象保障服务技术方案研讨会"（资料图）

2006 年 5 月，湖北省气象局与三峡梯调通讯中心签署合作协议（资料图）

2010 年 7 月，湖北省气象局与三峡公司的合作上升到中国气象局与中国长江三峡集团公司部企合作层面，双方在位于湖北宜昌的三峡集团公司签订战略合作框架协议，中国气象局局长郑国光（前左）与三峡集团总经理陈飞代表双方签字（摄影：陆铭）

以需求为牵引，湖北省气象局与三峡集团的合作不断深化。2010 年，中国气象局副局长矫梅燕（中）到三峡梯调通讯中心调研（摄影：陆铭）

2011 年 11 月，三峡集团公司总经理陈飞（右三）到中国气象局考察，中国气象局副局长矫梅燕（左四）陪同。之后双方举行战略合作座谈会（摄影：陆铭）

◀ 围绕需求开展联合攻关。图为 2011 年合作项目中期评估（摄影：陆铭）

◀ 2013 年，与三峡梯调通讯中心视频会商长江流域天气情况（摄影：陆铭）

智慧水文气象服务为三峡水库群联调提供重要支撑（摄影：陆铭）▶

气象服务连续 9 年助力三峡水库实现 175 米的蓄水目标。图为 2017 年 6 月 8 日三峡水库消落期（供图：减灾处）▶

▶ 军运会服务

2019 年 10 月，全球关注、意义非凡的第七届世界军人运动会在湖北武汉举行。习近平总书记亲临开幕式现场。

在中国气象局坚强领导和大力支持下，从气象保障服务的总体谋划到方案的制定完善，从每一个场馆的项目建设到每一个环节的操作实施，从每一次预演检验到每一场实战大考，精准的预报、高效的服务交出了满意的答卷。

▲ 军运会气象保障服务方案反复讨论修改（供图：武汉市气象局）

▲ 为军运会新增 20 个城市交通自动气象站（供图：武汉市气象局）

▲ 新增 30 个比赛场馆自动气象站。图为卓尔体育馆自动气象站（供图：武汉市气象局）

▲ 沙滩排球场自动气象站（摄影：张洪刚）

▲ 水上项目浮标气象站（供图：杨志彪）

▲ 蔡甸射击射箭测试赛现场服务（供图：武汉市气象局）

中国气象局副局长余勇（前左四）调研指导军运会气象服务（供图：武汉市气象局）

湖北省气象局领导在一线调研军运会气象服务需求（供图：武汉市气象局）

湖北省气象局领导带队查看军运会场馆气象服务现场（摄影：张洪刚）

战前准备

▲ 服务会商（供图：武汉市气象局）

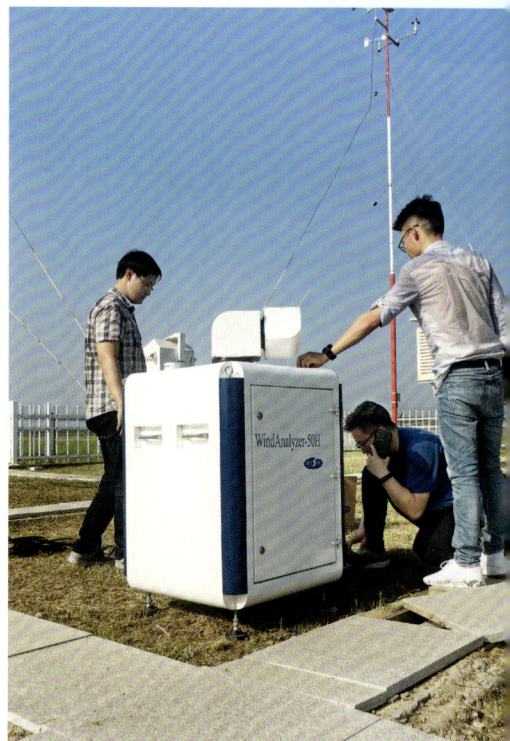

▲ 设备安装（供图：武汉市气象局）

▲ 服务材料（供图：武汉市气象局）

▲ 军运会气象保障党员先锋队（供图：武汉市气象局）

军运会倒计时一周年晚会气象服务 ▶
（供图：武汉市气象局）

▲ 军运会跳伞测试赛气象服务（供图：武汉市气象局）

▲ 预演会商（摄影：张洪刚）

▲ 实战前综合演练总结（摄影：张洪刚）

精彩瞬间

▲ 军运会气象服务中心（摄影：张洪刚）

▲ 军运会气象服务会商（摄影：张洪刚）

▲ 担任军运会气象保障服务工作领导小组组长的武汉市副市长龙良文（前排左）坐镇气象保障指挥平台
（摄影：张洪刚）

▲ 气势恢宏的军运会开幕式现场（摄影：张洪刚）

▲ 中国气象报记者亲临一线全程参与（供图：张洪刚）

气象为农服务

湖北气象为农服务可追溯到 1958 年。1978 年以后，开展了农业气候资源调查和区划；1985 年建成全国首个气象科技扶贫基地。70 年来，从保障粮食安全到护航特色农业，从农村气象灾害防御和气象为农服务"两个体系"全覆盖到助力精准扶贫、助推乡村旅游和打造气候宜居品牌，气象为农趋利避害、增产增收贡献卓著。

▲ 全面落实气象为农服务工作责任制，做到"有规划""有计划""有目标""有队伍""有措施""有效益"（摄影：陆铭）

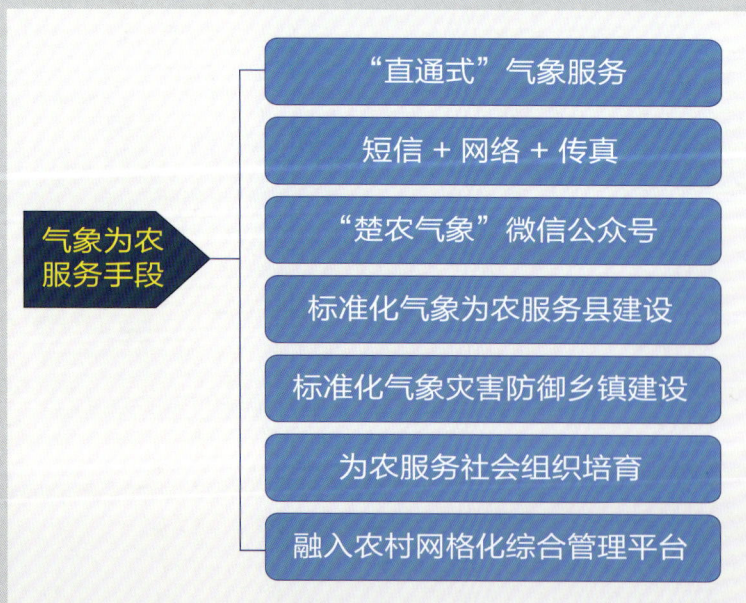

气象为农服务手段

- "直通式"气象服务
- 短信 + 网络 + 传真
- "楚农气象"微信公众号
- 标准化气象为农服务县建设
- 标准化气象灾害防御乡镇建设
- 为农服务社会组织培育
- 融入农村网格化综合管理平台

▲ 气象为农服务的手段（制图：王诗）

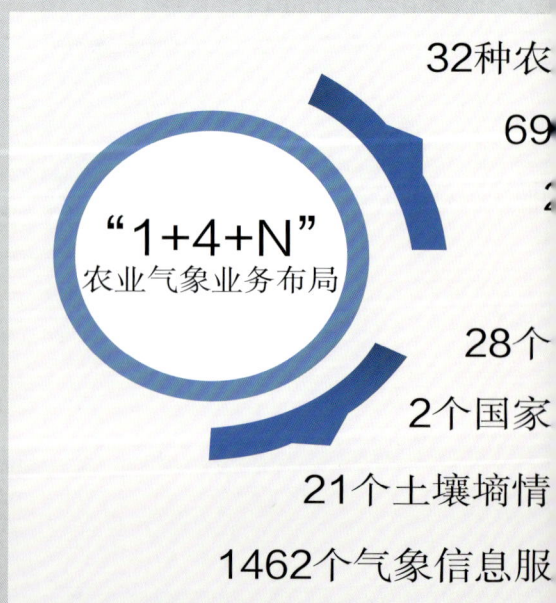

"1+4+N"
农业气象业务布局

32种农

69

28个

2个国家

21个土壤墑情

1462个气象信息服

▲ 全省形成 1 个省级中心、4 各分中心、N 个服务站点农业气象业务布局（制图：王诗）

▶ **农业气象监测**

▲ 稻田光合作用监测（摄影：杨锋）

象服务指标集

用技术

服务产品

观测站

试验站

站

▲ 玉米墒情监测（摄影：徐辉）

▲ 水果墒情监测（摄影：孙志娟）

▶ 直通式气象服务

▲ 大棚作物直通式气象服务（摄影：徐辉、孙志娟）

▲ 果园直通式气象服务（摄影：徐辉）

▲ 看"天"采茶（摄影：孙志娟）

▲ 气温、气压是网箱养鳝的重要因素（摄影：陆铭）

▶ 需求调查与灾情评估

▲ 夏收夏种农气服务需求调研（摄影：徐辉）

▲ 雷雨大风后的小麦倒伏灾情调查评估（摄影：徐辉）

▶ 精准扶贫

山雨到来前抢栽藤茶
（摄影：张洪刚）

▲ 旱区抽水灌溉（摄影：孙志娟）

▶ **气候品质论证**

▲ 神农架林区生态茶园（摄影：陆铭）

▶ **农业气象保险**

▲ 小龙虾天气指数保险服务（资料图）

▶ 农村气象科普

▲ 2013 年，中国气象局、湖北省气象局联合开展气象科技下乡
潜江行活动（摄影：李傲）

▲ 乡村气象科普（摄影：陆铭）

▲ 留守娃娃学气象（摄影：徐辉）

▶ 气象信息员

34000 余名气象信息员遍布全省各乡镇、村等基层组织，在农业农村农民防灾减灾、增产增收中发挥重要作用。

▲ 气象信息员传播预警信息（摄影：张洪刚）

▲ 加强气象信息员队伍建设（摄影：陆铭）

▲ 规范气象信息员管理（摄影：陆铭）

▲ 2010 年，襄阳老河口市方营村气象信息员向全国春季农业生产会议代表介绍气象服务平台。前左为中国气象局副局长矫梅燕（摄影：陆铭）

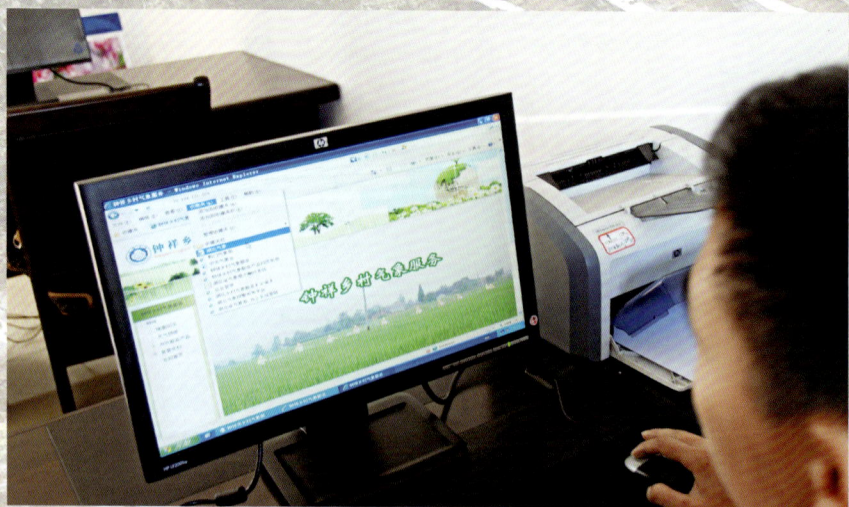

▲ 乡村气象为农服务工作平台（摄影：陆铭）

▲ 气象信息员工作交流和表彰（摄影：陆铭）

▲ 2012 年，湖北气象信息员（中）走进央视，在《粮安天下》大型晚会上接受采访。此前央视为其制作的专题电视短片也
　在晚会播出（摄影：陆铭）

公众气象服务

　　1956 年，湖北广播电台、报纸发布天气预报；1983 年，开启电视天气预报；1996 年，天气节目主持人走进寻常百姓家，气象信息渐渐成为公众必不可少的生产生活指南。2000 年以后，电话、短信、网站、显示屏、大喇叭和微博、微信、手机 APP 以及全媒体服务逐步全方位覆盖用户，服务内容从单纯天气预报到生活指数预报、灾害预警防御，再到基于智能网络的智慧气象服务，私人订制满足各种个性需求，服务能力得到质的飞跃。

▶ 硬件设施不断改善

▲ 20 世纪 80 年代语音播报天气（资料图）

▲ 20 世纪 90 年代电视天气预报制作（资料图）

◀　湖北第一代电视天气预报
　　节目主持人（资料图）

2009 年启用的演播室（上图）▶
和电视节目制作平台（下图）
（供图：公众气象服务中心）

▲ 2018 年升级改造后的电视节目演播室（供图：公众气象服务中心）

▶ 服务内容不断丰富

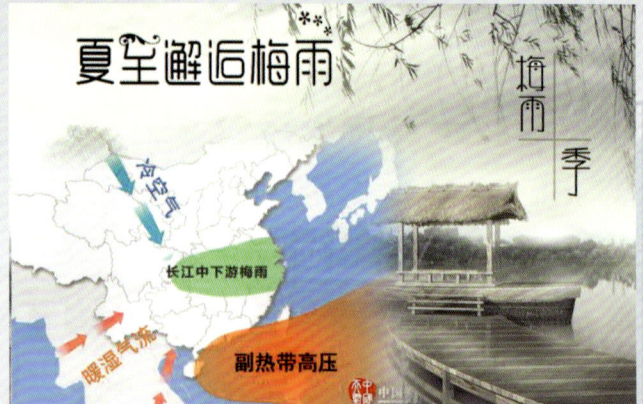

（本页供图：公众气象服务中心）

▶ 服务形式不断拓展

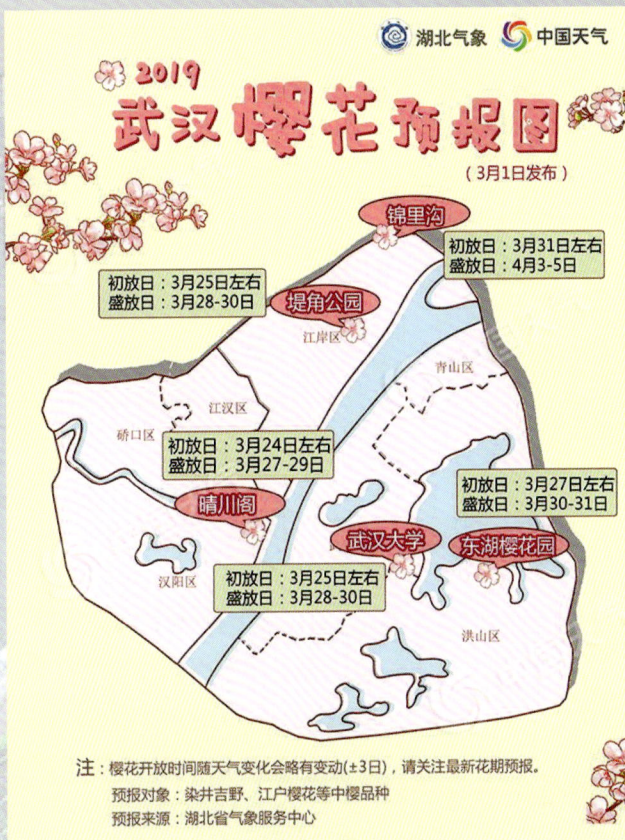

2019 武汉樱花预报图
（3月1日发布）

湖北气象　中国天气

锦里沟
初放日：3月31日左右
盛放日：4月3-5日

提角公园
初放日：3月25日左右
盛放日：3月28-30日

晴川阁
初放日：3月24日左右
盛放日：3月27-29日

武汉大学
初放日：3月25日左右
盛放日：3月28-30日

东湖樱花园
初放日：3月27日左右
盛放日：3月30-31日

注：樱花开放时间随天气变化会略有变动（±3日），请关注最新花期预报。
预报对象：染井吉野、江户樱花等中樱品种
预报来源：湖北省气象服务中心

▲ 新媒体直播樱花与气象科普知识

▲ 气象科普专题片

▲ 新媒体直播《直击长江 2017 第 1 号洪峰》

（本页供图：公众气象服务中心）

网络用户越来越多

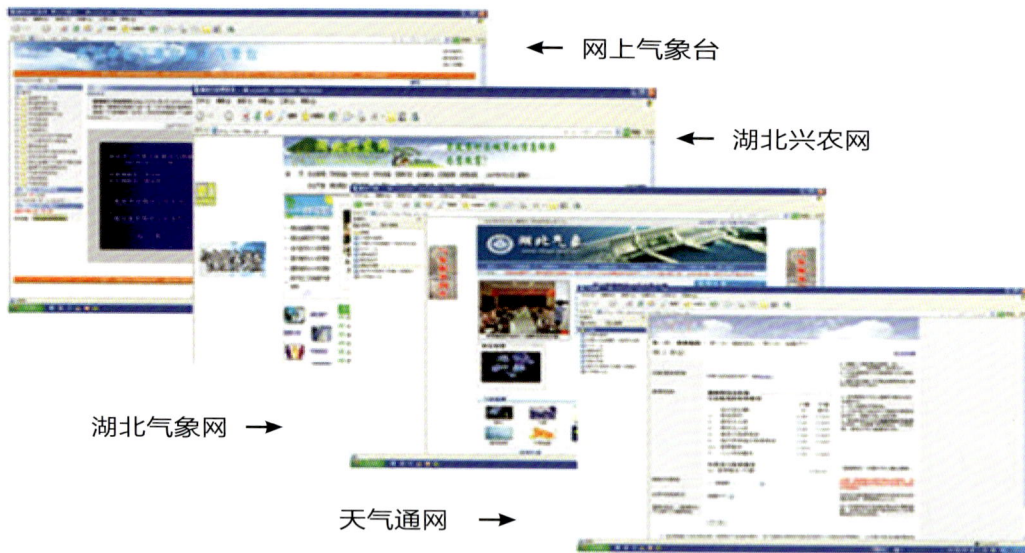

网上气象台

湖北兴农网

湖北气象网

天气通网

（资料图）

公众气象服务手段随着通信技术的发展而发展，除传统形式外，新媒体传播覆盖面迅猛扩大，成为最及时有效、受众最广的服务形式。

2019年6月21日 12:30
这场让中考推迟的强降雨到底有多大？
周末还会有雨吗？

2019年6月22日 16:55
入梅至今日，湖北下了多少雨？
猜猜哪里的降水量最大？

16:34 4G
湖北气象
2019年7月3日 11:32
梅雨期第四轮降水今晚来报道 明天东部地区雨势较强
湖北夏季哪里清凉又好玩？快为你最爱的避暑旅游地投票吧！

399 关注　267066 粉丝
微博认证

▲ "湖北气象"官方微信（供图：李梦蓉）

（供图：公众气象服务中心）

▲ "湖北天气"新浪微博（供图：李梦蓉）

常态化的热点新闻发布

▲ 低温雨雪（左图）、高温（中图）、霾（右图）天气新闻发布会（摄影：孙元、李傲）

公共设施服务

▲ 车载天气预报（资料图）

▲ 地铁车厢宣传（摄影：王晓莉）

媒体播报

▲ 交通气象节目直播（供图：何明琼）

科普"六进"

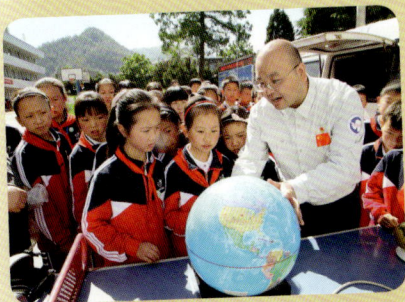

▲ 气象科普进学校(摄影:张洪刚)

▲ 气象科普进学校(摄影:徐辉)

▲ 校园气象站(供图:荆门市气象局)

▲ 气象科普进农村(资料图)

▲ 气象科普进社区(摄影:陆铭)

▲ 气象科普进企业(摄影:李洋)

▲ 气象科普进军营(摄影:王晓莉)

▲ 气象科普进机关(摄影:唐悦)

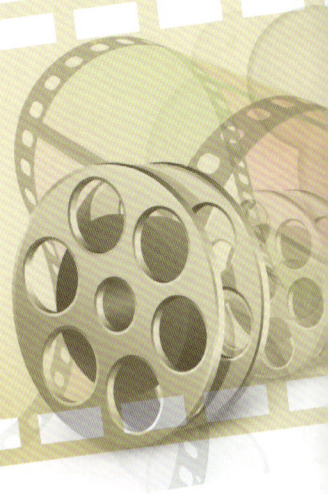

▶ **特别策划**

2016 年，湖北省气象局参与中国气象局品牌栏目"直击天气——与科学家聊'天'"之《风雨彷徨，18 年后的相遇？——说说暴雨与防汛那些事儿》的组织（摄影：陆铭）

湖北省气象局联合中国少年先锋队湖北省工作委员会、湖北省科学技术协会、湖北广播电视台长江云集团等单位推出为期两个月的《2019 湖北气象科普公益课》系列活动（供图：李浩）

◀ 少年气象科普大使线下决赛（摄影：谢家漫）

◀ 参观军运会场馆气象服务（摄影：谢家漫）

◀ 参观太阳能发电场（摄影：谢家漫）

▶ 关键节点服务

气象日

◀ 2019 年世界气象日，湖北省气象局党组书记、局长柯怡明接受新华网直播专访（摄影：陆铭）

▲ 2018 年，湖北省气象局副局长王丽参加湖北电台为农服务直播（摄影：陆铭）

（供图：公众气象服务中心）

防灾减灾日

气象专家作客政府网站，◀ 与网民交流气象防灾减灾（摄影：李傲）

科技周

▲ 2017、2018 年科技周活动期间，湖北省副省长郭生练（左图左二，右图右）
参观气象展台（供图：王晓莉）

▲ 科技周活动（摄影：徐辉）

春运等专题服务

◀ 气象科普志愿者到车
站、广场发送科普宣
传资料（摄影：王晓莉）

▶ 服务能力不断提升

▲ 湖北省气象局选手多次在全国科普讲解大赛、全国气象
科普讲解大赛中获得一等奖（供图：公众气象服务中心）

▲ 多次在全国气象影视服务业务竞赛中取得好成绩
（供图：公众气象服务中心）

"湖北天气"官方微博▶
获 2018 年湖北年度最具
突破力政务机构（供图：
公众气象服务中心）

近年来，湖北公众气象服▶
务满意度整体高于全国
平均水平（制图：孙元）

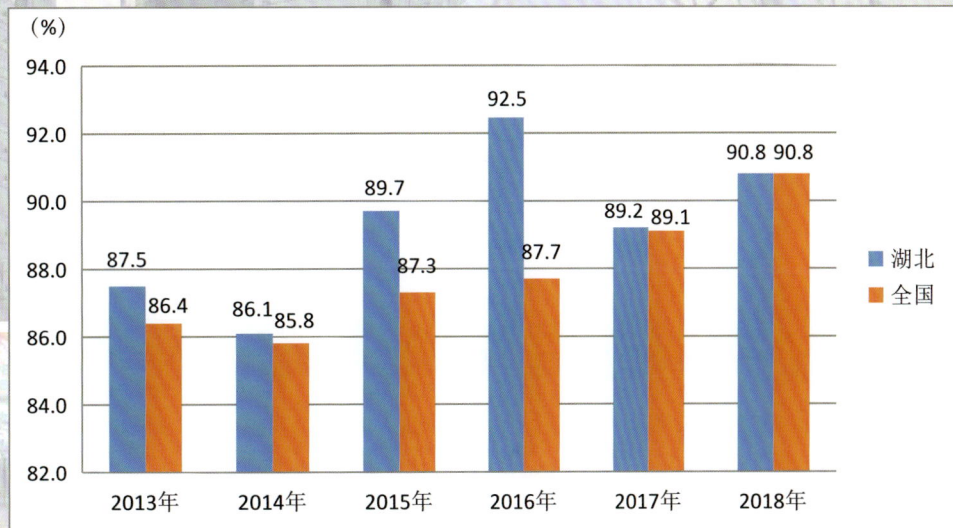

（%）

	2013年	2014年	2015年	2016年	2017年	2018年
湖北	87.5	86.1	89.7	92.5	89.2	90.8
全国	86.4	85.8	87.3	87.7	89.1	90.8

专业气象服务

20 世纪 80 年代中期，湖北气象开始涉足市场，投入力量、拓展领域、开发产品、争创效益。21 世纪前夕，气象技术服务、气象影视、气象资讯及电力、交通、旅游、新能源、人工影响天气等专业气象服务全面推进，部分项目一度成为事业发展的支柱。此后，走规模化、集约化和分类发展道路，逐步塑造了湖北专业气象服务品牌。

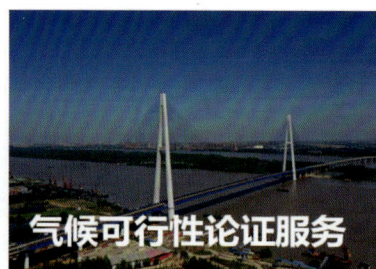

交通气象服务　旅游气象服务　电力气象服务

能源气象服务　气候可行性论证服务　人工影响天气服务

▲ 湖北专业气象服务瞄准九省通衢、千湖之省、水电大省等特殊地位和资源优势，打造品牌、争创名牌、立足湖北、辐射全国（制图：孙朋杰）

▶ 电力气象服务

湖北水电气象服务素有渊源。

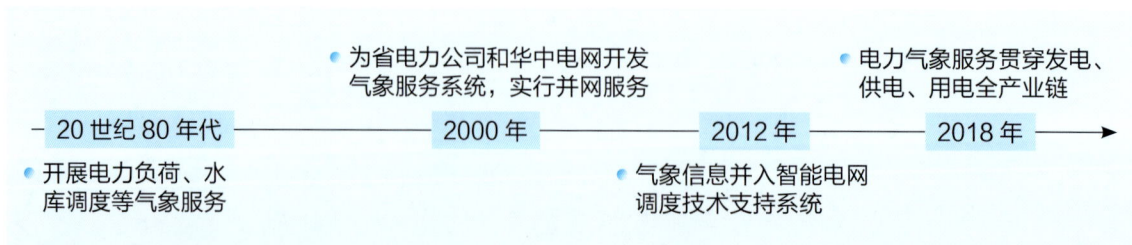

- 20 世纪 80 年代
  - 开展电力负荷、水库调度等气象服务
- 2000 年
  - 为省电力公司和华中电网开发气象服务系统，实行并网服务
- 2012 年
  - 气象信息并入智能电网调度技术支持系统
- 2018 年
  - 电力气象服务贯穿发电、供电、用电全产业链

▲ 电力气象服务发展历程（制图：王诗）

▲ 电力气象服务系统（供图：何明琼）

▲ 水电气象服务系统（供图：何明琼）

▲ 华中电网电力气象服务需求调查（摄影：陆铭）

▲ 恩施大龙潭水库小水电气象服务现场（供图：恩施州气象局）

▶ 交通气象服务

交通气象服务覆盖全省高速公路。交通气象服务系统接入省高速公路交通应急处置中心指挥平台，春运等重要时段和重大灾害性天气过程来临时，气象服务专家坐镇指挥平台开展现场服务。

▲ 交通气象服务系统（供图：气象服务中心）

▲ 2015 年首场降雪，展开武麻高速夜间气象服务（摄影：陆铭）

▲ 高速公路路面温度测量（供图：气象服务中心）

▲ 交通气象站运行情况检查（供图：气象服务中心）

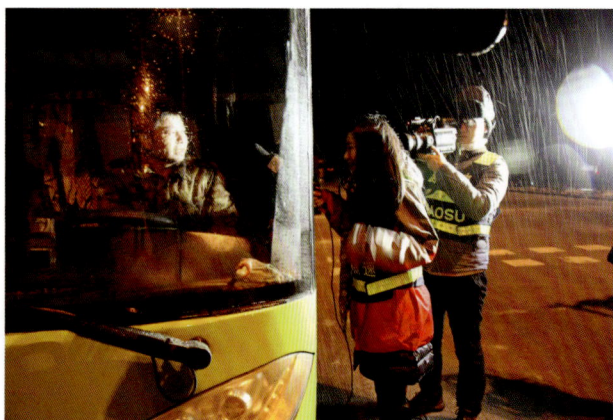

▲ 交通气象服务满意度调查（摄影：陆铭）

▶ 旅游气象服务

　　旅游气象站逐步推向全省 AAAA 级以上旅游景区，从灾害性天气预警发展到负氧离子实况报告、景观预报等。

▲ 宜昌百里荒景区旅游气象观测站（摄影：陆铭）

▲ 神农架神农顶旅游气象观测站
　（供图：神农架林区气象局）

▲ 神农架景区旅游气象服务官方微博（供图：周建新）

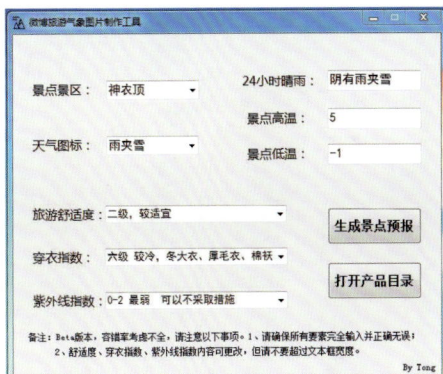

▲ 景点气象预报信息（供图：周建新）

▲ 景观预报信息（供图：周建新）

▶ 新能源气象服务

新能源气象服务如后起之秀，发展迅速。至 2017 年，湖北省气象局研发的光伏发电预报、风电预报、电力气象灾害风险评估系统等分别推广到湖北、甘肃、广西等地的 33 个风电站（场）和湖北、新疆、吉林、内蒙古、宁夏、云南、陕西、江苏、甘肃、河北、天津、安徽等地的 41 个光伏发电站。

▲ 2009 年与华中理工大学合作开展光伏发电预报（摄影：陆铭）

▲ 2011 年，湖北省政协到省气象局调研太阳能预报服务工作（摄影：陆铭）

九宫山风电预报系统 ▶
（供图：公众气象服务中心）

湖北最大的风电场——齐岳山风电场 ▶
（摄影：成驰）

▲ 为风能、太阳能等绿色能源发展提供评估选址、功率预测等服务。图为九宫山风电场（摄影：成驰）

▶ 防雷技术服务

    2000 年以来，随着社会经济的快速发展，以防雷检测为主要内容的技术服务拓展迅猛，有力支撑了气象事业发展，保障了人民生命财产安全。

1	2
3	4

1. 高速公路设施防雷检测服务（摄影：张洪刚）
2. 风能电厂防雷检测服务（摄影：张洪刚）
3. 易燃易爆场所防雷检测服务（摄影：张洪刚）
4. 大型化工区域防雷装置检测（摄影：赵涛）

▲ 天然气场站防雷装置检测（摄影：史雅静）

▲ 古建筑防雷装置施工（摄影：刘义华）

▲ 旅游景区防雷装置检测（摄影：赵涛）

▲ 到农村普及雷电防护知识（供图：防雷中心）

▲ 景区防雷科普宣传（摄影：余蓉）

▲ 自主研发的防雷仪器设备推介（摄影：谢超）

▶ 人工影响天气服务

　　1958 年 6 月，武汉上空首次进行的飞机增雨试验，让湖北成为全国最早开展飞机人影作业的省份之一。至 2018 年，全省拥有人影高炮 174 门、新型火箭 240 套，建成 168 个标准化人工防雹增雨工作站。人工影响天气从增雨抗旱、防雹减灾，逐步扩展到森林防火灭火、水库增蓄、空气质量改善、生态涵养等多个领域。

（资料图）

▲ 火箭增雨作业（供图：省人影办）

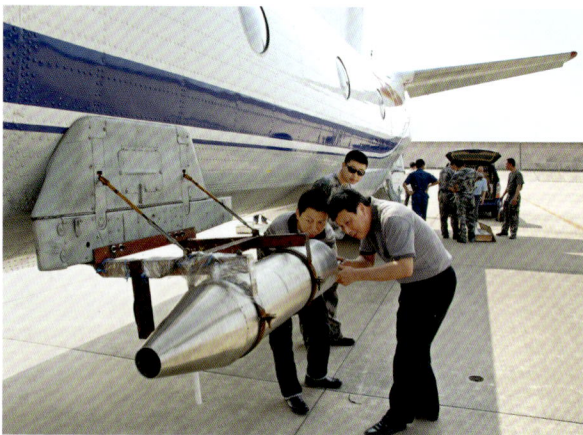

▲ 飞机增雨服务（摄影：陆铭）

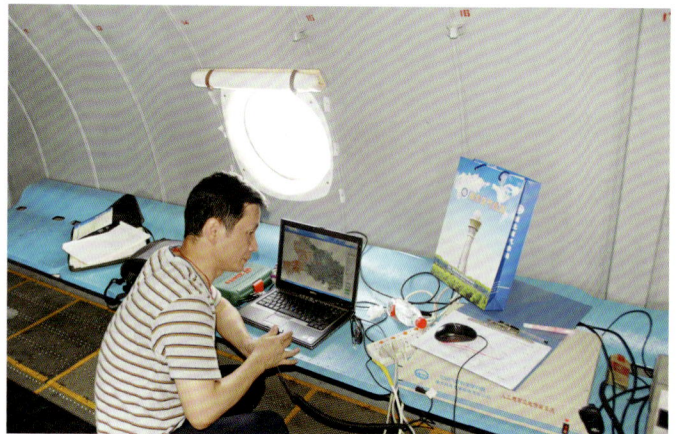

▲ 在飞机上操作飞机增雨作业系统（摄影：陆铭）

▲ 烟叶防雹作业（摄影：张洪刚）

▲ 烟叶防雹服务现场（摄影：张洪刚）

1	2
	3
	4
5	

1. 2009 年，湖北省委常委、副省长汤涛（前排右一）看望增雨作业机组（供图：省人影办）
2. 人影安全检查（摄影：徐辉）
3. 防雹增雨"女汉子"（摄影：张洪刚）
4. 人影作业采访（摄影：刘庆忠）
5. 人影应急小分队（摄影：陆铭）

2012 年，湖北省副省长赵斌出席全国人影会议并与获得中国气象局表彰的湖北省气象部门先进人物合影（摄影：陆铭）

部分湖北省人工影响天气政策法规 ▶
（摄影：王诗）

▲ 2012 年，湖北省政府组织召开全省人工影响天气暨气象为农服务工作会议（摄影：李傲）

人工影响天气 —— 为烟农撑起一片蓝天

简 介

恩施州自上世纪七十年代开始开展人工影响天气工作。1986年建成我州第一个防雹固定作业点；全州现有"三七"高炮56门，火箭发射架27具。设立固定防雹增雨工作站61个（其中有8个固定火箭防雹站），新型移动火箭作业系统10套；州人影办和各县市人影办都配备了专门的人影管理人员，全州从事人影作业和管理的人员达200人以上。2012年，恩施州烟叶种植面积为66.58万亩，其中烤烟48.61万亩，白肋烟17.79万亩，烟叶主产区已基本实现了人工防雹增雨全覆盖。

省委副书记张昌尔、省气象局副局长谭建民、州委书记肖旭明等在望城坡烟草工业园检查工作   州气象局领导慰问高炮作业人员

经济效益显著

仅2011年恩施州开展防雹作业242次，增雨作业124次，发射防雹增雨炮弹17629发，火箭弹156枚，取得直接经济效益达2.78亿元。

人工防雹工作取得的效益得到各级领导和广大群众的好评，州委、州政府领导多次对人影工作给予高度评价，在烟叶主产区，烟农把人影作业高炮视为烟叶生产的"保护神"，他们说："干部可以调走，高炮不能调走，没有高炮我们不种烟！"

科学作业 系统指挥

气象部门现在是"上有卫星，下有雷达"，监测云雨手段高明，尤其是指挥防雹增雨作业、把握有效时机，人工影响天气是科学的最有效的防灾减灾手段，其主要原理是采取各种物理方法（如飞机、高炮、火箭等）将催化剂（碘化银）播撒到云中，加速云层中的水汽凝结，从而达到增雨、消雹（化雹为雨）效果。

科学布局，共谋人影发展大业   指挥防雹增雨作业的多普勒天气雷达站

火箭高炮作业剪影

▲ 人工影响天气科普宣传（供图：省人影办）

▲ 湖北省人工影响天气办公室组织机构（制图：王诗）

- 湖北省人影办
  - 武汉市人影办
  - 恩施州人影办
  - 十堰市人影办
  - 宜昌市人影办
  - 襄阳市人影办
  - 荆门市人影办
  - 咸宁市人影办
  - 黄冈市人影办
  - 天门市人影办
  - 潜江市人影办
  - 神农架林区人影办
  - 仙桃市人影办
  - 荆州市业务科
  - 随州市业务科
  - 鄂州市业务科
  - 孝感市业务科
  - 黄石市业务科

生态气象服务

长江大保护、生态省建设、污染防治攻坚战、全域旅游无不见气象踪影。气候服务为保护利用气候资源、划定生态红线建言献策；江汉平原湿地群生态气象服务，为长江珍稀动植物保护和湿地生态保护与修复保驾护航；强化雾、霾天气和空气污染气象条件监测预报预警，实施飞机增雨改善空气质量，助力打赢"蓝天保卫战"；生态环境、气候效应、气象灾害监测评估和气候变化影响评估等，为"三江千湖一池碧水"贡献力量。

▲ 石首天鹅洲麋鹿保护区（摄影：张洪刚）

天鹅洲麋鹿保护区光谱 ▶
监测（左图）和植被覆
盖调查（右图）
（供图：荆州市气象局）

◀ 江汉平原生态环境保护（摄影：张洪刚）

◀ 洪湖生态环境治理保护（摄影：张洪刚）

▼ 江汉平原湿地生态保护（摄影：张洪刚）

气象服务康养和新农村建设
（摄影：张洪刚）

▲ 2019 年，湖北省气象局牵头开展的"湖泊湿地生态气象服务新技术助力长江大保护"项目在第二届全国智慧气象服务创新大赛中获气象服务技术创新一等奖（摄影：庄白羽）

2018 年，恩施利川市被中国气象学会授予"中国凉爽之城"；黄冈市英山县和神农架林区被中国气象服务协会授予"中国天然氧吧"。

▲ 利川气候资源评估结果发布暨授牌现场（摄影：张洪刚）

▲ 2019 年首届湖北"寻找避暑旅游目的地"助推绿水青山化作金山银山（摄影：高迅芝）

神农架林区大九湖——在"华中屋脊"神农架深处，有一片高山湿地，一条小溪串起 9 个湖泊。这里群山环绕，风光秀丽，森林覆盖率在 98% 以上，享有"神农江南"、湖北的"呼伦贝尔"等美誉。独特的气候使得这里午前如春、午后如秋、夜如初冬，夏日的清凉秘境竟如此简单。

（摄影：薛扬）

（摄影：薛扬）

（摄影：薛扬）

（摄影：陆铭）

宜昌百里荒景区——坐落于美丽的三峡草原之巅，拥有优越的交通条件、独特的草原风光、舒适的生态环境、丰富的体验项目。这里春花、夏草、秋叶、冬雪四时之景如梦如幻。气温 20℃的夏天，"天热就去百里荒，避暑露营享清凉"。

（供图：毕小艳）

（供图：公众气象服务中心）

恩施绿野仙踪——位于恩施州巴东县南部，莽莽巴山林场深处。它采长江三峡之灵气，乘武陵山川之清凉，展巴楚文旅之风华。这里仙气飘飘，是离平原最近的高山，晴空万里时，可远眺四渡河大桥，将野三关镇尽收眼底，是夏日清凉避暑天堂。

（摄影：张洪刚）

孝感悟峰山生态文化旅游度假区——这里有连绵的群山和十八座潭瀑，山中有谷、谷中有水、水中有潭，潭瀑相连。200多种野生动物与自然山水合成的大型野生动物世界。这里夏季气候舒适，是不可多得的天然氧吧。

（供图：公众气象服务中心）

荆州洈水旅游风景区——这里是"三峡－洈水－张家界"黄金旅游线上的一颗璀璨明珠，树屋、丛林探险乐园、缤纷多彩的水上项目滤去暑热和城市的喧嚣。

（供图：公众气象服务中心）

黄冈大别山薄刀峰景区——春看山花烂漫，夏观流云飞渡，秋赏层林尽染，冬探雪海林园。松奇、石怪、峰险、夏爽是这里的四大特色。炎炎夏日，来到薄刀峰这座世界地质公园，感受凉爽与惬意，是不错的选择！

（供图：公众气象服务中心）

（供图：公众气象服务中心）

荆门绿林山风景区——湖北省中部，武汉后花园，夏季平均气温 20℃。这里有"十里水画廊"的鸳鸯溪漂流，有"湖北新九寨"的美人谷，有西汉末年绿林起义的发生地绿林寨。好汉故里，生态旅游避暑胜地。

▲ 2014 年，中国气象局品牌活动"绿镜头·发现中国"走进湖北神农架
（供图：陆铭）

▲ 2018 年底至 2019 年初，中国气象局武汉暴雨研究所联合南京信息工程大学等高校和气象科研所，首次在长江中游襄阳、荆州、咸宁等地开展大气污染外场综合观测试验，着力提升长江经济带大气环境改善及服务区域经济社会可持续发展
（摄影：白永清）

（摄影：冯光柳）

科学发展篇

固本强基，守正创新。

总结 70 年湖北气象事业的发展之道，丰满科技创新、队伍建设"两翼"和启动共享资源、依法行政"双驱"，碾下深深辙印。"用科技创新带动人才培养、以队伍建设推动科技创新"形成良性循环，以共享资源谋求共同发展、用神圣履职强化气象治理，气象事业发展环境不断优化。

科技创新

科技是第一生产力，创新是第一动力。湖北省气象局深谙科技创新对于气象事业发展的重要作用，始终坚持以科技创新推动气象业务服务能力的不断提升，气象科研与技术开发成果频现、荣誉接踵。

部省合作长效机制 | 创建流域气象中心服务业务新体系 | 培育多元供给主体，推进气象为农服务社会化 | 借力互联网+创新防雷监管工作体系 | 融合共享，发展长江航运智慧气象服务

2009　2010　2011　2012　2013　2014　2015　2016　2017　2018

创新工作奖

加强机关督查督办规范化建设 | 积极探索，开创太阳能预报业务新领域 | 深化改革，构建新型地面气象观测业务 | 创众包采集机制，融部门先进技术，推进气象灾害风险管理业务向智能化发展 | 深化信息共享，实现气象水文雨量资料"一张图"应用

▲ 历次气象部门创新工作评比中湖北省气象局获得奖项（制图：王诗）

❖ 汉口中心气象台更名为湖北省气象科学研究所 — 1960年
1961年 — ❖ 设立气象研究室
❖ 改名为武汉中心气象台，沿用至今。 — 1964年
1980年 — ❖ 成立省气象科学研究所
1982年 — ❖ 设立武汉暴雨研究所
新中国成立初期，气象预报技术分析总结即受到重视。
2002年 — ❖ 合并成中国气象局武汉暴雨研究所

▲ 新中国成立之初，预报技术分析总结即得到重视。经过数十年发展，2002年，隶属于湖北省气象局的中国气象局武汉暴雨研究所成为中国气象局气象科研"一院八所"之一（制图：王诗）

▲ 1983年，长江中游汛期天气预报协作区第九次会议留影（资料图）

　　1978 年召开的全国科学大会激发了湖北气象科技工作者的创新热情。迄今，共获得国家科技奖励 11 项、湖北省科技奖励 82 项、中国气象局科技奖 20 项及其他省部级奖励 1 项。其中，获国家科技进步奖一等奖 2 项、省部级一等奖 8 项。2009—2018 年，获省部级以上科技立项 100 项，22 项成果获省部级以上奖励。

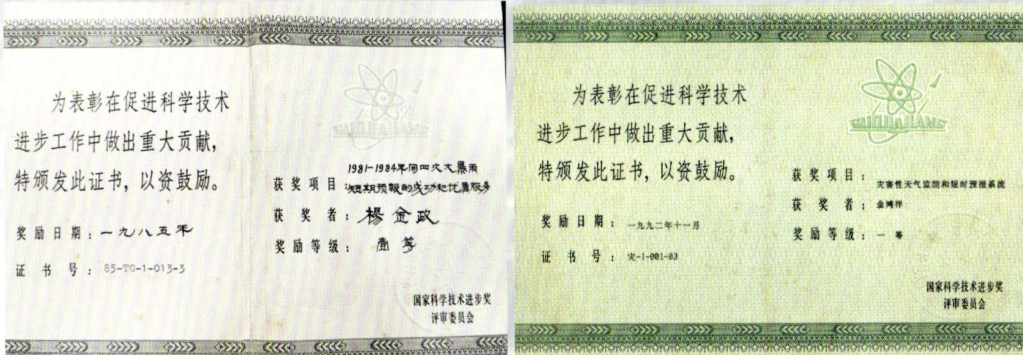

▲ 杨金政、金鸿祥同志获奖证书（供图：王玮、金鸿祥）

◀ 老专家金鸿祥作为湖北气象科技工作者代表，在 1991 年召开的全国"七五"科技攻关总结表彰大会上，获江泽民总书记亲自颁奖

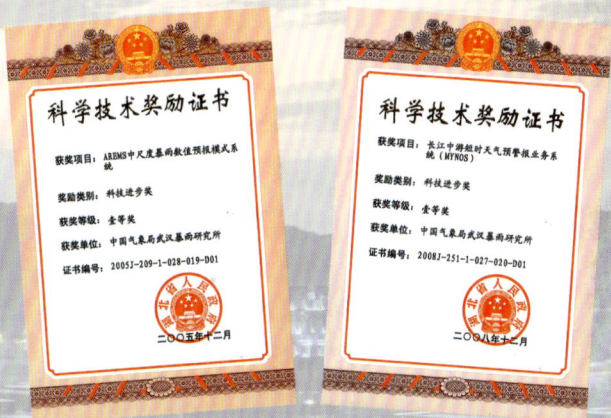

（摄影：王忠杰）

▲ AREMS 中尺度暴雨数值预报模式系统、长江中游短时天气预警报业务系统（MYNOS）分别获 2005 年、2008 年湖北省科技进步奖一等奖（资料图）

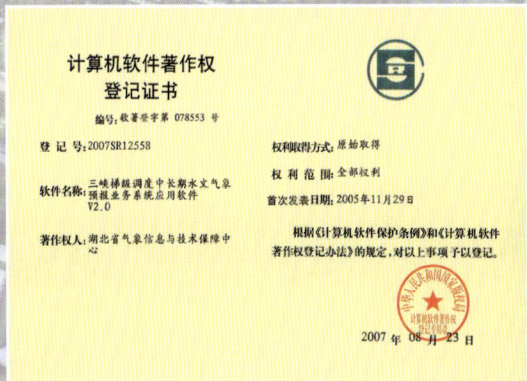

▲ 国家专利和国家计算机软件著作权（资料图）

湖北省气象局积极争取科研项目，仅"十一五"期间，就承担和参加国家科技支撑计划、国家自然科学基金有关气候变化科研课题 20 多项。先后开展气候变化事实监测和对农业、能源、人居环境等的影响评估研究，建立了湖北省百年气温标准曲线，完成武汉夏季气候变化研究、未来 50 年气候变化对南水北调中线水源区的影响研究等，加强了科学防范极端天气气候事件引发的气象灾害及次生灾害的研究和应用。中共湖北省委、湖北省人民政府在全国率先印发《关于加强应对气候变化工作的意见》。

◀ 2008 年南方大范围长时间低温雨雪冰冻灾害发生后，武汉区域气象中心组织湖北、河南、湖南、江西、安徽五省开展预报技术总结交流（摄影：王章敏）

2008 年，湖北省气候变化事实省政府新闻发布会▶（摄影：王章敏）

▲ 湖北省气象局牵头的"十一五"国家科技支撑计划重点项目"南方冰雪灾害天气预测预警评估技术研究"启动（摄影：王章敏）

▲ 2010 年，"十一五"国家科技支撑计划重点项目"南方冰雪灾害天气预测预警评估技术研究"课题验收会，以中科院院士李泽椿为组长的验收小组对该项目给予较高评价（摄影：陆铭）

科技部组织对"十一五"
国家科技支撑计划重点
项目"南方冰雪灾害天
气预测预警评估技术研
究"进行验收
（摄影：陆铭）

科研项目总结
（摄影：陆铭）

三峡库区预报技术研
究评估（摄影：陆铭）

作为中国气象局"一院八所"之一的武汉暴雨所，担负着以暴雨研究为主的科研任务。自成立迄今，承担国家重点研发计划项目、国家自然科学基金项目、公益性行业专项等重点科研项目 49 项，累计科研经费 5513 万元。其中，2018 年立项的国家重点研发计划项目 "西部山地突发性暴雨形成机理及预报理论方法研究"项目经费高达 1287 万元。暴雨数据库纳入国家气象资料共享体系，暴雨监测预警重点实验室诞生。2018 年长江中游暴雨监测外场试验基地获批中国气象局长江中游暴雨监测野外科学试验基地。

▲ 湖北暴雨监测预警中心（中国气象局武汉暴雨研究所）

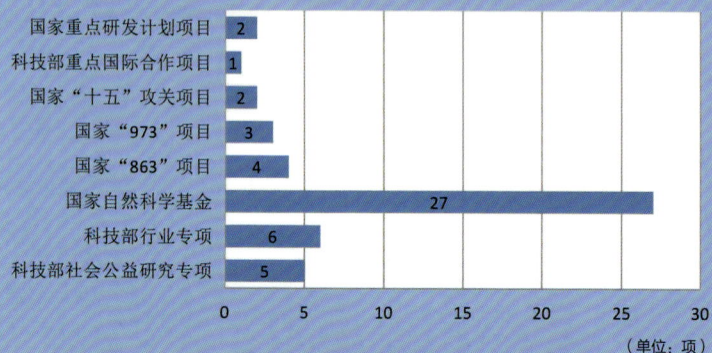

武汉暴雨所承担的重要科研项目
（2002—2018年）

项目	数量
国家重点研发计划项目	2
科技部重点国际合作项目	1
国家"十五"攻关项目	2
国家"973"项目	3
国家"863"项目	4
国家自然科学基金	27
科技部行业专项	6
科技部社会公益研究专项	5

（单位：项）

（制图：陆铭）

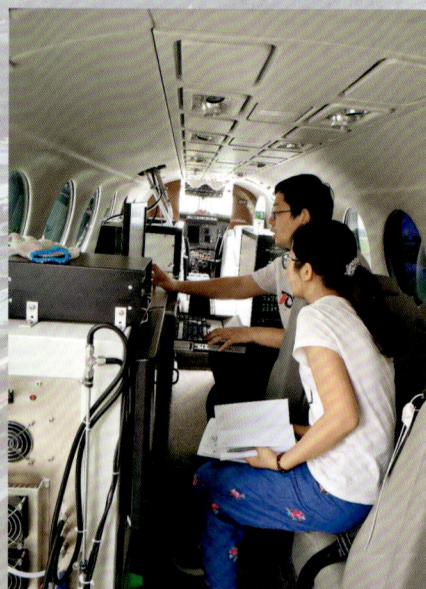

▲ 中国气象局武汉暴雨研究所外场试验基地装备及科学试验（供图：咸宁市气象局、武汉暴雨所）

开放合作

20世纪50年代，湖北气象打开国际交流之门；70年代初，开启部门内外合作共建。至2018年，湖北省气象局与50多个国家和地区开展了交流合作，与60余家机构和单位签订部门合作、局校合作等协议。2009年，中国气象局与湖北省政府签订部省合作协议，共同推进湖北气象事业加速发展和气象现代化建设。气象开放合作为气象事业发展不断增添动力、注入活力。

▶ 国际合作

1955年，苏联气象专家考察汉口中心气象台，为首次"引进来"；1984年，湖北省气象局局长随中国气象考察团前往日本，为首个"走出去"。此后，交流活动不断增加。20世纪80、90年代，分别有5人次、25人次出访，接待外宾76人次。2000年以后，国际学术交流活动日益频繁，一批国际先进技术为我所用，一批湖北气象科技成果在全球展示。

1985年，首次中美暴雨预报学术研讨会在武汉举行。图为中美双方代表合影（资料图）▶

1989年5月，以美国国家天气局局长富来德博士为首的中美大气科技联合工作小组美国代表团和以美国气象学会主席乔娜·辛普森博士为首的美国气象学会代表团一行14人，在国家气象局局长邹竞蒙（中）陪同下到湖北参观访问（资料图）▶

▲ 1992 年 3 月底至 4 月初，联合国世界气象组织官员考察武汉中心气象台（资料图）

▲ 1994 年 9 月，中国气象局局长邹竞蒙（左三）陪同马来西亚科技环境部部长刘显镇考察武汉区域气象中心（资料图）

◀ 1996 年 9 月，拉丁美洲多国别气象考察团到湖北孝感市气象局考察（资料图）

▲ 2005 年，美国气象专家访问武汉暴雨研究所（资料图）

▲ 2013 年 3 月美国国家海洋和大气管理局专家来访（摄影：李傲）

◄ 2014年，多国别考察团到湖北省气象局考察（摄影：李傲）

◄ 2017年，韩国大邱市气象局专家到湖北省气象局及武汉中心气象台、武汉暴雨研究所、省气象服务中心、信息保障中心、武汉市气象局考察访问（摄影：李傲）

▲ 2018年，"一带一路"沿线国家气象预报技术研修班一行十四人到武汉暴雨研究所进行技术交流（供图：暴雨所）

▲ 2018年，湖北省气象信息技术保障中心技术人员到非洲交流传授技术（供图：陈城）

▶ 部省合作

2009 年 4 月，中国气象局局长郑国光与湖北省省长李鸿忠在武汉签署《共同推进湖北公共气象服务体系建设合作协议》，并建立高层互动、项目共建、规划常态、投入递增等常态和长效合作机制，开启部省合作共同推进湖北气象事业发展的新篇章。十年间，通过 20 余次高层互访和六次联席会议，部省合作、共谋发展的工作机制不断深化，促进湖北提前三年并在中部地区率先初步实现气象现代化。

▲ 2009 年 4 月，中国气象局与湖北省政府签署《共同推进湖北公共气象服务体系建设合作协议》，中国气象局局长郑国光、湖北省省长李鸿忠代表双方签字（摄影：陆铭）

▲ 2010 年 7 月，中国气象局与湖北省政府在京举行 2010 年部省合作联席会议（摄影：陆铭）

▲ 2011 年部省合作联席会后，中国气象局局长郑国光向湖北省省长王国生赠送湖北省卫星地图（摄影：陆铭）

▲ 2013 年部省合作联席会议在武汉召开（摄影：刘庆忠）

▲ 2015 年部省合作联席会议在京召开（摄影：庄白羽）

▲ 2016 年部省合作联席会议在汉召开，中国气象局与湖北省政府就"十三五"气象事业发展再签协议（摄影：刘庆忠）

▲ 2018 年部省合作联席会议在京举行（摄影：陆铭）

▶ 部门合作

　　1970 年，武汉中心气象台与中国科学院大气物理研究所联合开展数值天气预报研究试验。1975 年省气象科研所与中央气象局气科院等单位在武汉联合建设全国首个塔层风观测站；1988 年与空军某部和武汉航空公司开展飞机增雨服务。改革开放后，湖北气象对外开放步伐加大。近十年来，湖北省气象局先后与三峡集团公司、长江水利委员会、交通部长江海事局、省公安厅、省通信管理局、华中电网等部门（行业）和单位，南京大学、南京信息工程大学、中国地质大学（武汉）以及国家气象中心、国家气候中心等大专院校、科研院所、新华社湖北分社、湖北日报等新闻媒体及驻鄂部队等 60 余家签订合作协议，成为长江流域防汛抗旱总指挥部、省防汛抗旱指挥部和省公民科学素质提升等 30 多个领导小组成员单位。

▲ 2009 年，湖北省气象局与省交通厅签订合作协议（摄影：陆铭）

▲ 2009 年，湖北省气象局与省测绘局签订合作协议（摄影：陆铭）

▲ 2010 年，湖北省气象局与省旅游局签署旅游气象服务合作协议，并联合举行国庆长假天气新闻发布会（摄影：陆铭）

▲ 2013 年，湖北省气象局与省国土资源厅签订地质灾害气象预警合作协议（摄影：陆铭）

▲ 2016 年，湖北省气象局与长江航务管理局洽谈交流合作（摄影：李傲）

▲ 2017 年湖北省气象局与长江海事局举行合作联席会议（摄影：李傲）

▲ 与 20 多个部门和行业建立气象灾害预警信号发布和
传播联动机制（供图：减灾处）

合作领域不断拓宽，预报产品愈加丰富

▲ 与十多家单位和部门联合发布专题气象
服务信息（供图：减灾处）

◄ 省防灾办每年组织气象灾害预警
与应急联络员会议（资料图）

2012 年，长江三峡集团总经理陈飞 ►
一行到省气象局调研指导工作
（摄影：李傲）

◄ 2018 年，水利部长江水利委员会
马建华主任一行到省气象局洽谈
深化合作事宜（摄影：李傲）

▶ 局校合作

　　湖北省气象局充分利用高校科研资源开展气象科技合作与交流，与武汉大学、中国地质大学（武汉）、南京信息工程大学、华中农业大学等 10 多所高校签订了合作协议。

▲ 2010 年，湖北省气象局与华中农业大学签订科技合作协议（摄影：陆铭）

▲ 2012 年，湖北省气象局与南京信息工程大学签订合作协议（摄影：李傲）

▲ 2019 年，湖北省气象局与中国地质大学（武汉）座谈交流深化合作（供图：预报处）

▶ 局市合作

　　2010 年以来，先后与武汉、宜昌、襄阳、荆门、孝感、咸宁等市签订局市合作协议，共同推进地方气象事业发展和气象现代化建设。

▲ 湖北省气象局与荆门市政府举行局市合作联席会议（摄影：陆铭）

▲ 湖北省气象局与咸宁市政府签订局市合作协议（供图：咸宁市气象局）

固本强基

70 年来，湖北气象不断加强自身能力建设，完善气象管理体制，优化气象事业结构，提升事业发展的财政保障，强化气象人才队伍建设，夯实基础、巩固堡垒，增强了湖北气象事业发展的凝聚力和战斗力。

气象管理体制精干高效

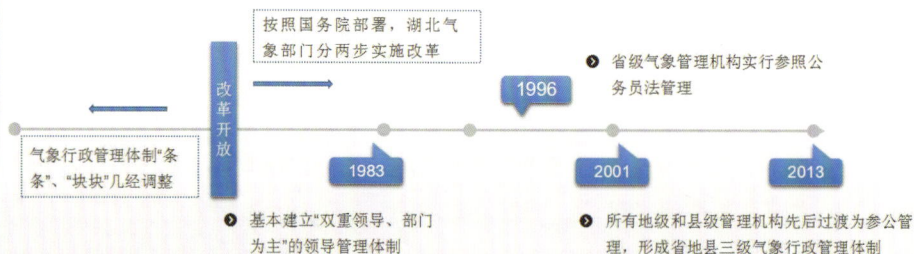

按照国务院部署，湖北气象部门分两步实施改革

改革开放

气象行政管理体制"条条"、"块块"几经调整

1996

省级气象管理机构实行参照公务员法管理

1983
基本建立"双重领导、部门为主"的领导管理体制

2001

2013

所有地级和县级管理机构先后过渡为参公管理，形成省地县三级气象行政管理体制

▲ 气象管理体制变革流程（制图：王诗）

气象事业结构不断完善

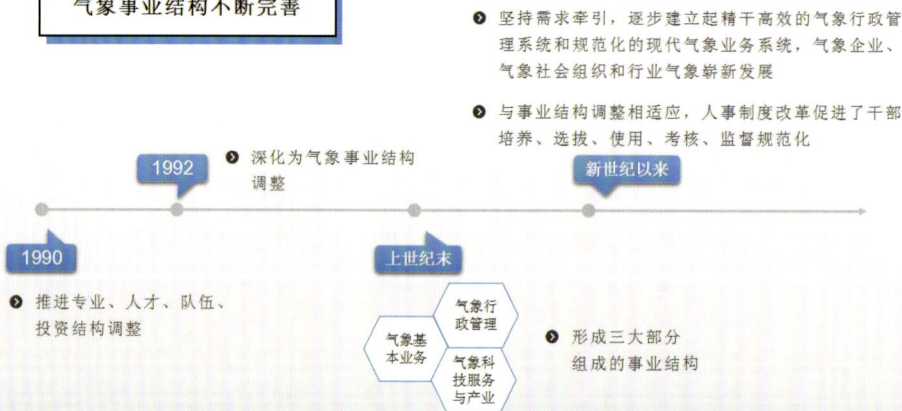

- 坚持需求牵引，逐步建立起精干高效的气象行政管理系统和规范化的现代气象业务系统，气象企业、气象社会组织和行业气象崭新发展
- 与事业结构调整相适应，人事制度改革促进了干部培养、选拔、使用、考核、监督规范化

1992
深化为气象事业结构调整

新世纪以来

1990
推进专业、人才、队伍、投资结构调整

上世纪末

气象行政管理
气象基本业务
气象科技服务与产业

形成三大部分组成的事业结构

▲ 气象事业结构调整流程（制图：王诗）

双重财务体制保障有力

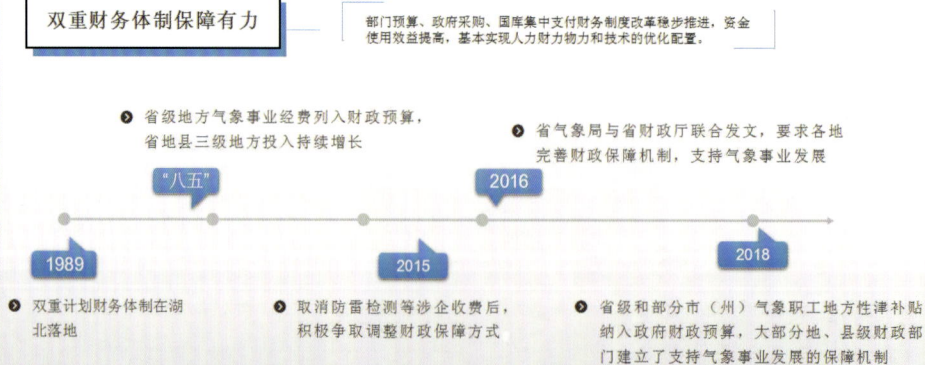

部门预算、政府采购、国库集中支付财务制度改革稳步推进，资金使用效益提高，基本实现人力财力物力和技术的优化配置。

- 省级地方气象事业经费列入财政预算，省地县三级地方投入持续增长

- 省气象局与省财政厅联合发文，要求各地完善财政保障机制，支持气象事业发展

"八五"

2016

1989
双重计划财务体制在湖北落地

2015
取消防雷检测等涉企收费后，积极争取调整财政保障方式

2018
省级和部分市（州）气象职工地方性津补贴纳入政府财政预算，大部分地、县级财政部门建立了支持气象事业发展的保障机制

▲ 事业发展财政保障变化流程（制图：王诗）

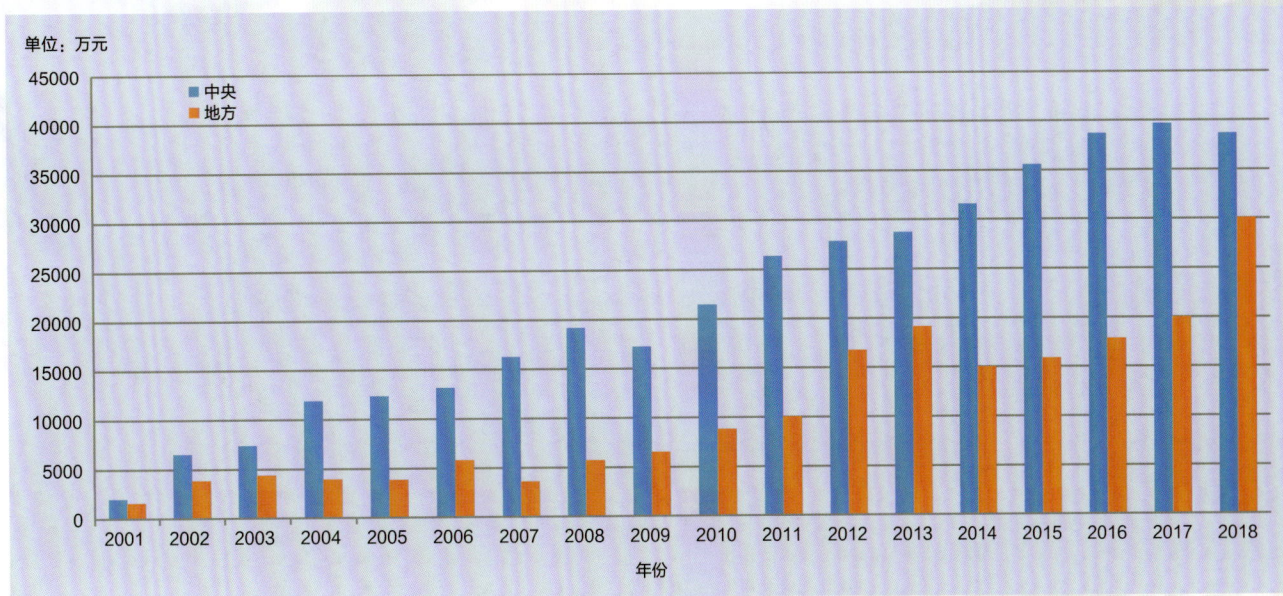

▲ 湖北省气象局 2001—2018 年事业发展财政保障情况（供图：计财处）

　　队伍由小到大、稳定发展。1951 年，全省气象职工只有 51 人，1981 年发展到 2061 人。1990 年起，队伍总量得到控制。

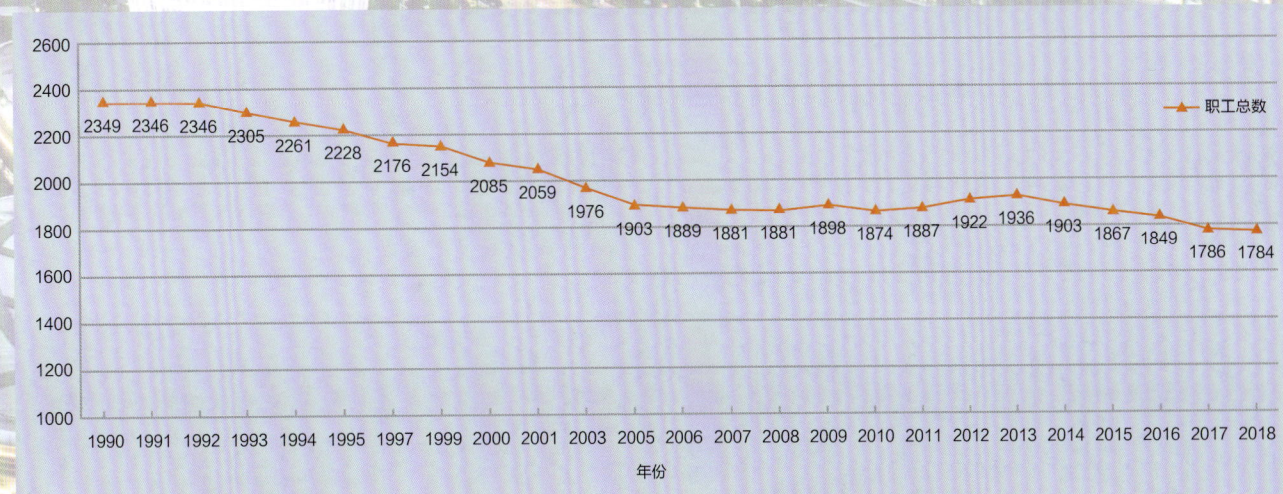

▲ 1990—2018 年职工人数变化情况（制图：王诗）

1956 年，成立湖北省气象干部学校，1959 年设立全日制普通中等气象专业。至 1965 年培养中专毕业生 285 人，有效缓解了当时人才紧缺窘境。1966 年中断招生，至 1975 年恢复。

▲ 20 世纪 80 年代的湖北省气象学校（供图：气象干部培训学院湖北分院）

▲ 湖北省气象学校先后更名为湖北省气象培训中心、省自动化工程学校（供图：气象干部培训学院湖北分院）

◀ 21 世纪初的中职教育（供图：气象干部培训学院湖北分院）

◀ 2013 年 1 月，中国气象局气象干部培训学院湖北分院召开建设座谈会，中国气象局党组副书记、副局长、中国气象局气象干部培训学院院长许小峰（中）出席（摄影：刘庆忠）

　　湖北省气象局加强在职职工学历再教育。 1995 年，全省气象部门专科以上学历比例大大提高。1997 年起，在南京大学、南京信息工程大学委托开办硕士、本科函授班，全省气象人才队伍学历结构不断优化。到 2018 年，全省气象部门硕、博士学位人数占国家编制数的 19.3%，本科以上学历人数比例由 1981 年的 3.1% 增长至 80.5%。

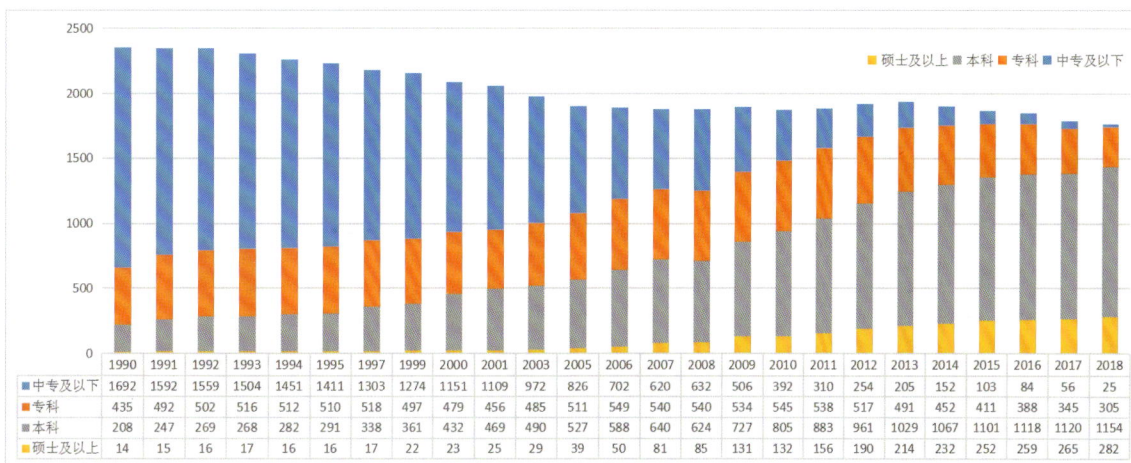

	1990	1991	1992	1993	1994	1995	1997	1999	2000	2001	2003	2005	2006	2007	2008	2009	2010	2011	2012	2013	2014	2015	2016	2017	2018
中专及以下	1692	1592	1559	1504	1451	1411	1303	1274	1151	1109	972	826	702	620	632	506	392	310	254	205	152	103	84	56	25
专科	435	492	502	516	512	510	518	497	479	456	485	511	549	540	540	534	545	538	517	491	452	411	388	345	305
本科	208	247	269	268	282	291	338	361	432	469	490	527	588	640	624	727	805	883	961	1029	1067	1101	1118	1120	1154
硕士及以上	14	15	16	16	17	16	17	22	23	25	29	39	50	81	85	131	132	156	190	214	232	252	259	265	282

▲ 1990—2018 年职工学历层次变化情况（制图：王诗）

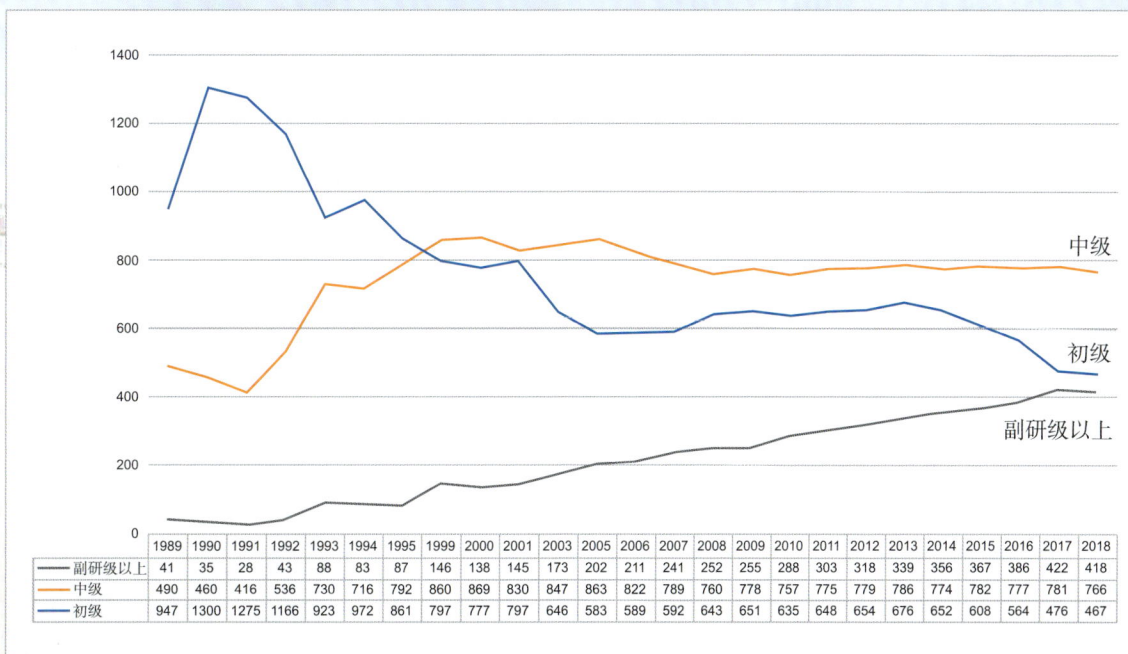

	1989	1990	1991	1992	1993	1994	1995	1999	2000	2001	2003	2005	2006	2007	2008	2009	2010	2011	2012	2013	2014	2015	2016	2017	2018
副研级以上	41	35	28	43	88	83	87	146	138	145	173	202	211	241	252	255	288	303	318	339	356	367	386	422	418
中级	490	460	416	536	730	716	792	860	869	830	847	863	822	789	760	778	757	775	779	786	774	782	777	781	766
初级	947	1300	1275	1166	923	972	861	797	777	797	646	583	589	592	643	651	635	648	654	676	652	608	564	476	467

▲ 1989—2018 年专业技术职称层次变化情况（制图：王诗）

70年来，特别是改革开放以后，湖北省气象局通过实施学科带头人、首席专家、创新团队、科技拔尖人才、青年新秀、基层气象业务技术带头人等系列人才培养选拔办法，涌现出一批批专家能手，人才高地在部门凸现。

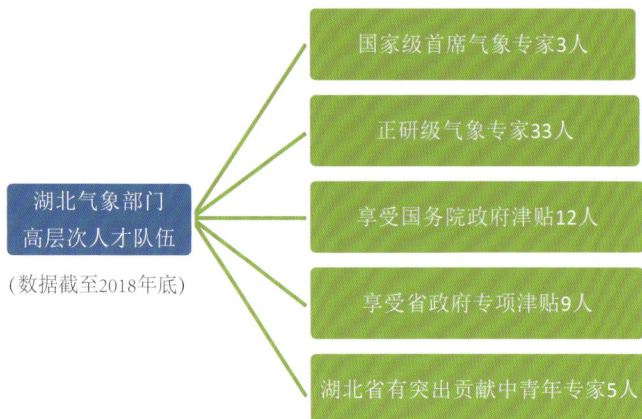

湖北气象部门高层次人才队伍
（数据截至2018年底）

- 国家级首席气象专家3人
- 正研级气象专家33人
- 享受国务院政府津贴12人
- 享受省政府专项津贴9人
- 湖北省有突出贡献中青年专家5人

▲ 湖北气象部门高层次人才结构（制图：陆铭）

徐双柱
中国气象局首席预报员、武汉中心气象台正研级高工

周月华
中国气象局首席气象服务专家、武汉区域气候中心正研级高工

陈正洪
中国气象局首席气象服务专家、湖北省气象服务中心正研级高工

湖北省气象局创新团队

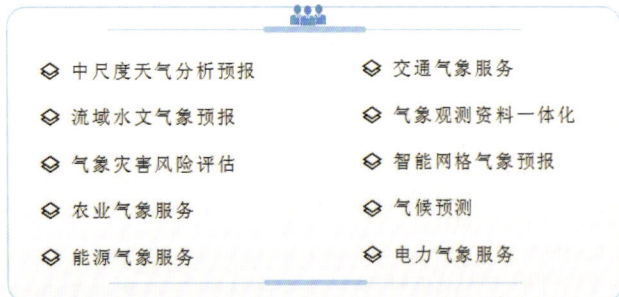

◆ 中尺度天气分析预报　　◆ 交通气象服务
◆ 流域水文气象预报　　　◆ 气象观测资料一体化
◆ 气象灾害风险评估　　　◆ 智能网格气象预报
◆ 农业气象服务　　　　　◆ 气候预测
◆ 能源气象服务　　　　　◆ 电力气象服务

▲ 近年来，湖北省气象局积极鼓励科技创新。至 2018 年，共设立 10 个创新团队，给予一定的政策倾斜，建立严格的目标责任制，成果倍出（制图：王诗）

6 次气象行业预报职业技能竞赛　　7 次气象行业观测职业技能竞赛

👍 湖北代表队分别获得 3 次团体第一

▲ 在 2007 年以来开展的十三届气象行业观测、预报职业技能竞赛中，湖北代表队分别获得 3 次团体第一（制图：王诗）

▲ 2013 年第四届气象行业气象观测职业技能竞赛
冠军队合影（供图：观测处）

▲ 2016 年第五届气象行业气象预报职业技能竞赛冠军队合影
（供图：预报处）

　　全省气象部门有 25 人在全国气象行业职业技能竞赛中获得个人全能奖项，8 人次因此获得"全国
五一劳动奖章"和"全国技术能手"称号。

▲ 宜昌市气象局杨金花，在第二届全国气象行
象观测技能竞赛中囊括个人全能和全部三个单项
第一名。获得"全国五一劳动奖章""全国技术
能手"等多项省部级以上荣誉（摄影：陆铭）

▲ 宜昌市气象局李子进先后荣获第三届全国气象行业天气预报技能
竞赛全能第一名，获得"全国五一劳动奖章""全国技术能手"
等多项荣誉称号（供图：李子进）

湖北气象部门基层人才不断充实。2018 年，全省气象部门县级机构编制内职工 595 人，其中 40 岁以下占 55%，本科以上学历占 72%，中级以上职称占 50%。

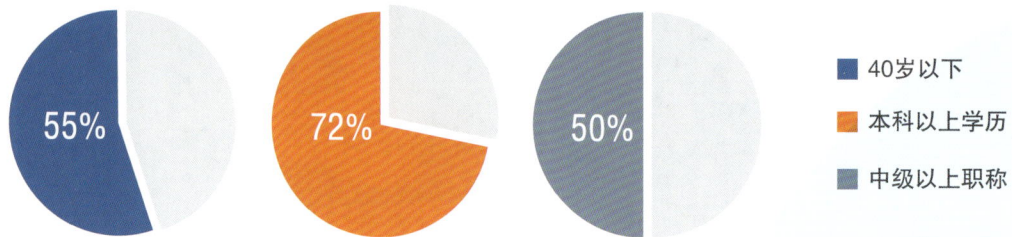

- 40岁以下
- 本科以上学历
- 中级以上职称

（制图：王诗）

◀ 重视入职教育，每年举行新入职人员培训（供图：气象干部培训学院湖北分院）

▲ 提供实践基地，吸引人才加入（摄影：陆铭、李傲）

湖北省气象局高度重视援藏援疆等对口支援工作，先后选派14名优秀干部和技术骨干支援西藏、新疆气象事业发展。

▲ 援藏干部（右一）在基层调研（供图：金琪）

湖北省气象部门老干部工作不断加强、完善，保障机制、服务机制、管理机制逐步健全，1人荣获"全国老干部工作先进个人"。

春节前夕，局党组成员分头慰问离退休老干部（摄影：陆铭、刘庆忠）

老干部支部活动常态化、基层调研制度化、体育活动经常化

（供图：离退休干部办公室）

2019年，省气象局举办庆祝新中国成立70周年老干部文艺汇演，并为做出突出贡献的老干部颁发纪念勋章（供图：离退休干部办公室）

法规保障

改革开放元年是气象法治建设的起点，依法发展成为提高气象治理能力的重要手段。气象法治建设、气象依法行政为湖北气象事业发展和气象现代化建设提供了有力保障。湖北气象法治建设成效显著，地方性气象法规和技术标准与国家气象法规与标准相衔接，形成较为完善的气象法规体系。

▶ 气象法治建设全面推进

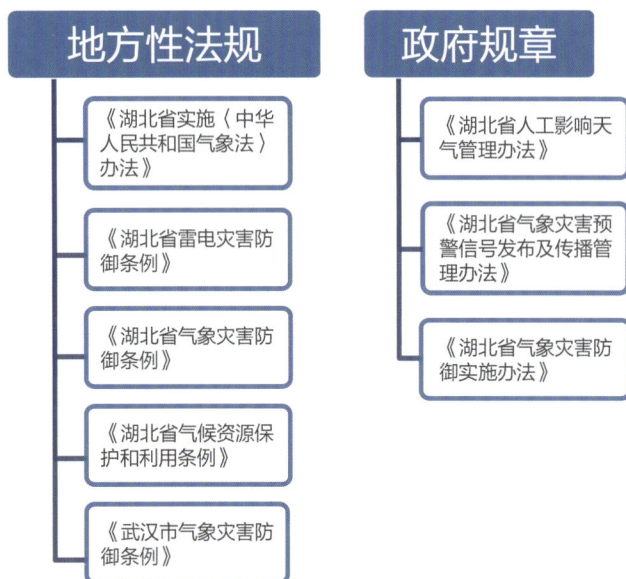

地方性法规

- 《湖北省实施〈中华人民共和国气象法〉办法》
- 《湖北省雷电灾害防御条例》
- 《湖北省气象灾害防御条例》
- 《湖北省气候资源保护和利用条例》
- 《武汉市气象灾害防御条例》

政府规章

- 《湖北省人工影响天气管理办法》
- 《湖北省气象灾害预警信号发布及传播管理办法》
- 《湖北省气象灾害防御实施办法》

▲ 颁布实施 5 部地方法规和 3 部政府规章（制图：陆铭）

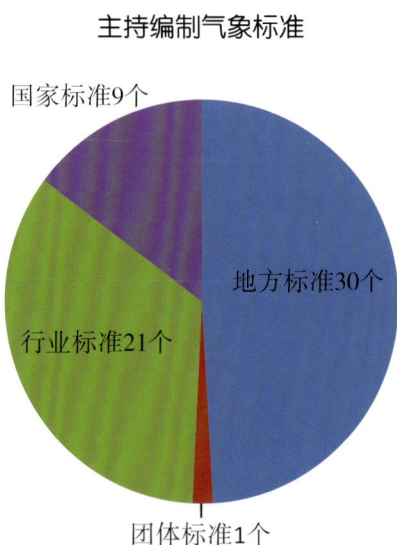

主持编制气象标准

- 国家标准9个
- 地方标准30个
- 行业标准21个
- 团体标准1个

▲ 主持制定气象及其相关国标、行标、地标和团标共 61 项（制图：陆铭）

省政府印发文件

- 《关于进一步加强气象工作的意见》
- 《关于加强公众天气预报发布管理的通知》
- 《关于加强气象为农业服务的通知》
- 《关于加强人工影响天气工作的通知》
- 《关于进一步加快发展地方气象事业的通知》
- ……
- 《关于全面推进气象现代化的意见》

▲ 湖北省政府印发 10 多个关于加强气象工作的文件（制图：陆铭）

▲ 2009 年，湖北省政府法制办在湖北省气象局启动《湖北省气象灾害防御条例》编制工作（摄影：陆铭）

▲ 2010—2011 年，湖北省人大、省政府法制办多次组织《湖北省气象灾害防御条例（草案）》征求意见会。左图为在鄂州开展立法调研，右图为在随州听取市法制办及相关部门意见（摄影：陆铭）

◀ 2011 年，《湖北省气象灾害防御条例》颁布实施，省政府组织贯彻实施座谈会（供图：法规处）

◀ 2018 年，省政府新闻办主持召开《湖北省气候资源保护和利用条例》颁布实施新闻发布会（摄影：陆铭）

▶ 气象执法体系逐步健全

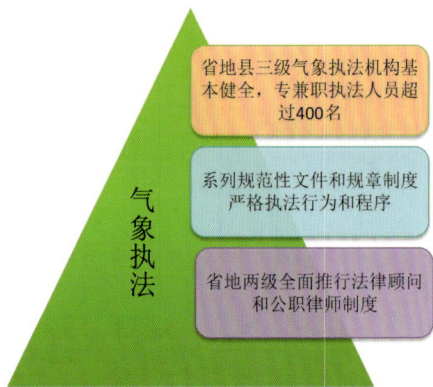

气象执法

- 省地县三级气象执法机构基本健全，专兼职执法人员超过400名
- 系列规范性文件和规章制度严格执法行为和程序
- 省地两级全面推行法律顾问和公职律师制度

▲ 构建并逐步完善气象执法体系（制图：陆铭）

▶ 气象社会管理不断加强

▲ 2011 年全省防雷安全工作座谈会（摄影：陆铭）

▲ 2014 年全省气象社会管理推进会（摄影：刘庆忠）

▶ 气象行政审批不断完善

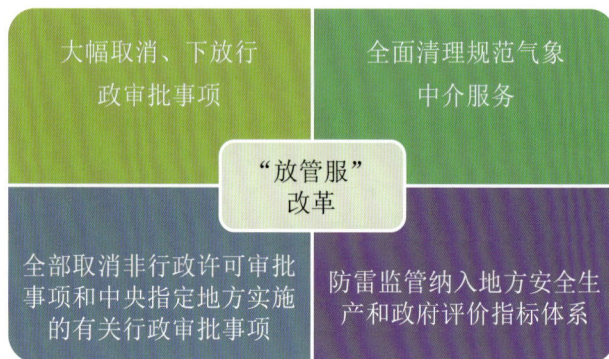

大幅取消、下放行政审批事项

全面清理规范气象中介服务

"放管服"改革

全部取消非行政许可审批事项和中央指定地方实施的有关行政审批事项

防雷监管纳入地方安全生产和政府评价指标体系

▲ 全面贯彻落实"放管服"改革要求（制图：陆铭）

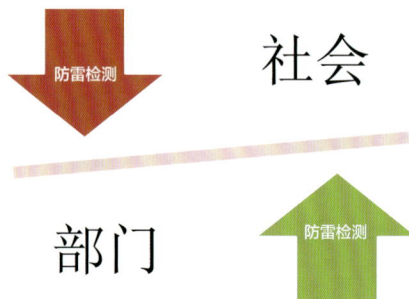

防雷检测

社会

部门

防雷检测

▲ 防雷检测主体多元，形成共同竞争的市场格局（制图：陆铭）

履行气象社会管理职责

防雷监管

气象信息服务监管

"三农"专项服务监管

施放气球监管

人工影响天气监管

探测环境保护监管

气候可行性论证管理

气象服务收费监管

▲ 加强气象社会管理（制图：陆铭）

▶ 气象法规宣传持续推进

气象法规宣传教育形式不断丰富、力度不断加大，湖北省气象局先后被省普法办表彰为"五五""六五"和"七五"中期普法工作先进集体，1人被全国普法办表彰为普法工作先进个人。

▲ 世界气象日、防灾减灾日、普法日等重要节点气象法制宣传常态化（供图：法规处）

▲ 气象法规宣传到企业（左图）、到农村（右图）（摄影：徐辉）

▲ 多次组织气象法律法规知识竞赛（摄影：陆铭）

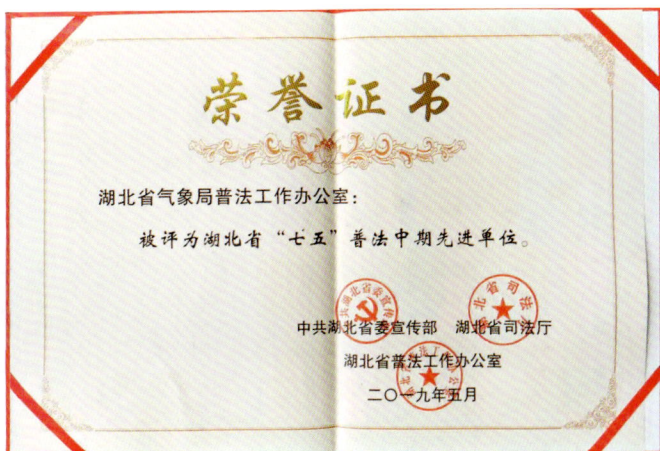

（供图：法规处）

（摄影：冯光柳）

党建统领篇

政治挂帅，和谐共进。

　　探求 70 年湖北气象健康发展的根本保障，必须是始终坚持党的全面领导，不断增强党的政治领导力、思想引领力、群众组织力、社会号召力和党组织、党员先进性，党建主体责任和监督责任全面落实，党风廉政建设向纵深发展，精神文明创建捷报频传，气象文化建设硕果累累。

党的建设

70 年来，党建工作始终引领各项工作，促进气象事业有序健康发展。湖北省气象局历届党组始终坚持正确的政治方向，围绕不同历史阶段党和国家中心工作，强化理论学习，团结带领气象干部职工锐意进取、奉献社会、服务人民，涌现出一批先进模范单位和个人。

▶ 集中学习

省气象局每年组织党组中心组集中学习不少于 4 次 12 天。党的十八大以来，每年组织集中学习 8 次以上，统一思想、提高认识、指导工作。图为党组中心组学习（摄影：陆铭、周芳）

▲ 学习测试（摄影：王忠杰）

▲ 支部学习常态化。省局机关减灾处、观测处党支部获"省直机关红旗党支部"（供图：观测处）

▶ 主题教育

▲ 先后开展"党员先进性""党的群众路线""三严三实""创先争优""不忘初心"等专题教育活动，增强党性（摄影：周芳）

▼ 以基层工作检验机关教育成效。图为党的群众路线教育活动期间，中国气象局、省气象局指导组（右四为中国气象局党组成员、副局长矫梅燕）参加荆门钟祥市气象局党组民主生活会并听取意见反馈（供图：党办）

湖北省气象局党组书记、局长柯怡明 ▶
讲党课（摄影：周芳）

"不忘初心　牢记使命"专题教育活动 ▶
（摄影：周芳）

▶ 组织建设

▼ 各级气象部门党组织全覆盖，地级以上机构全部配备专职党务干部。党组、党委／党总支、党支部、党员"四级责任链"全面推行（摄影：周芳）

▲ 2004 年，中国共产党湖北省气象局直属机关第六次大表大会全体代表合影（供图：陆铭）

▲ 重温入党誓词（摄影：王忠杰）

▶ 考察调研

　　2015 年以来，省气象局直属机关每年组织党员赴省直机关党员教育基地开展理想信念教育。

| 1 | 3 |
| 2 | |

1. 参观中原突围纪念馆（摄影：周芳）
2. 参观中山舰（摄影：周芳）
3. 向湘鄂西苏区革命烈士致敬（供图：陆铭）

▶ 精准扶贫

2011 年起，省气象局连续 7 年参加省直机关"万名干部进万村入万户挖万塘"活动。领导带头参加（摄影：刘庆忠）▶

每年深入扶贫点帮扶慰问（供图：党办）▶

在灾情一线驻守帮助指导灾后重建（摄影：潘勐）▶

▶ 党员风采

全国优秀领导干部
翁立生

翁立生，1983 年出任中共湖北省气象局党组书记、局长。他带领党组一班人和全省两千多名气象职工向着气象现代化的目标奋力拼搏，为湖北省气象事业发展和现代化建设做出了突出贡献，受到国务委员宋健的充分肯定。1991 年，被中共中央组织部表彰为"全国优秀领导干部"，1992 年和1997 年，被中共湖北省委分别授予"党风先进个人"和"优秀共产党员"称号。

全国优秀党务工作者
刘国良

刘国良，从部队转业到气象部门，在党务岗位一干就是几十年，连续担任局直机关专职党务副书记近 20 年。他坚持理论学习，不断提高政策理论水平；他坚持求真务实，不断提升履职能力；他创新工作思路，不断注入党务工作生机活力，为湖北省气象局党建工作在湖北省和全国气象部门始终处于先进地位做出了突出贡献。1999 年被中共中央组织部表彰为"全国优秀党务工作者"。

全国先进老干部工作者
向红

向红，从 1986 年 29 岁调入湖北省气象局起，在老干部工作岗位连续工作26 个年头直到自己也成了老干部。她把老干部视为亲人，看病和医药费问题，她倾注心血；老干部的生日和家庭状况，她如数家珍。她对老干部政策犹如活字典，为老干部排忧解难是她最大的幸福。2006 年被中共中央组织部、人事部授予"全国先进老干部工作者"。

吴翠红，武汉中心气象台台长、正研级高工，从事天气预报业务工作28年，多次在重大灾害天气的决策服务把关中发挥重要作用，牵头研制的多项科研成果和业务系统多次获省部级奖励并在全国起到示范效应。2012年获得"全国五一劳动奖章"。

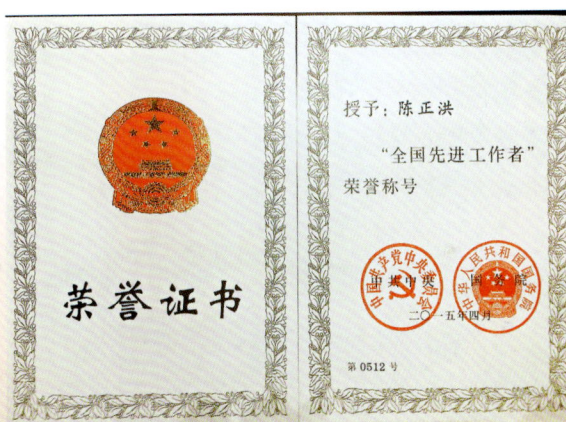

陈正洪，湖北省气象服务中心正研级高工、中国气象局专业气象服务首席专家。2015年被党中央、国务院授予"全国先进工作者"。他29年如一日，克服身体上的巨大困难，虚心学习、刻苦钻研，主动拓展气象业务服务，为防灾减灾和区域气候变化应对、新能源开发和节能减排等做出突出贡献，多次获得省部级以上表彰。

党风廉政

20 世纪 80 年代起，党风廉政建设便纳入湖北气象工作目标管理，与廉政文化建设共同营造风清气正的良好环境。党的十八大以来，进一步细化责任边界，注重主动监督、核实线索、以监促管、从严问责、协同执纪，多次被中共湖北省委授予党风廉政建设先进集体。

▲ 2008 年，中纪委驻中国气象局纪检组组长孙先健（右二）参观湖北气象廉政文化作品展（资料图）

▲ 2010 年湖北气象部门廉政风险防控工作推进会（摄影：陆铭）

▲ 2011 年湖北省气象局直属机关廉政风险防控推进会（摄影：陆铭）

▲ 2012 年，湖北省气象局党组副书记、副局长柯怡明做客湖北广播电台《政风行风热线》节目现场（供图：纪检组）

▲ 2015 年湖北省气象局"三严三实"专题教育动员电视电话会（摄影：陆铭）

▲ 2016 年廉政知识考试（供图：纪检组）

▲ 全省气象部门从严治党工作会议（供图：纪检组）

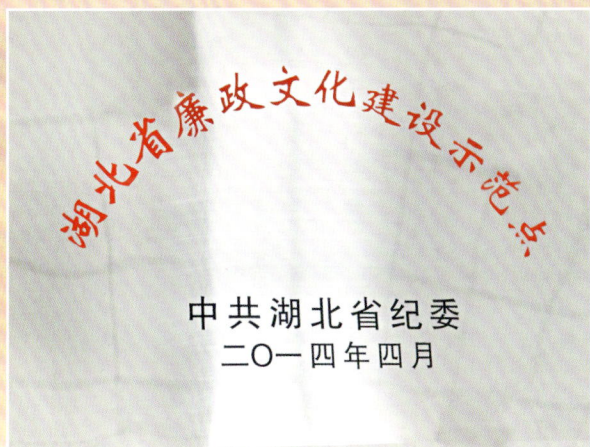

湖北省廉政文化建设示范点

中共湖北省纪委
二〇一四年四月

（供图：纪检组）

文明创建

湖北气象部门精神文明建设与社会同步，始于 20 世纪 80 年代的"五讲四美三热爱"。1991 年，文明创建工作步入"条块结合、地方为主"的轨道。湖北省气象局长期坚持精神文明建设和科研业务建设"两手抓、两促进"，文明机关、文明单位、文明台站标兵、文明系统等创建活动蓬勃开展，从创品牌到锃名牌，内强素质、外塑形象，精神文明创建工作成为湖北气象的一大亮点。

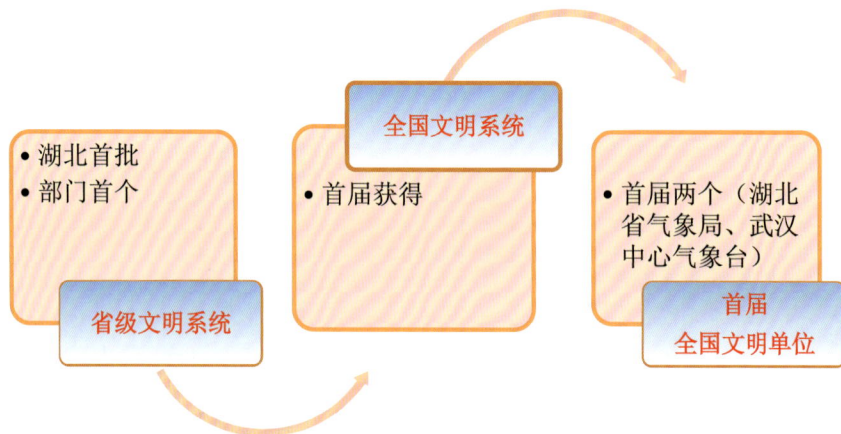

- 湖北首批
- 部门首个

省级文明系统

全国文明系统

- 首届获得

- 首届两个（湖北省气象局、武汉中心气象台）

首届
全国文明单位

▲ 1996 年，湖北气象系统被命名为省级文明系统，为湖北省首批、全国气象部门首个；2005 年，再获首届全国文明系统荣誉称号，湖北省气象局、武汉中心气象台同时获得首届全国文明单位荣誉（制图：陆铭）

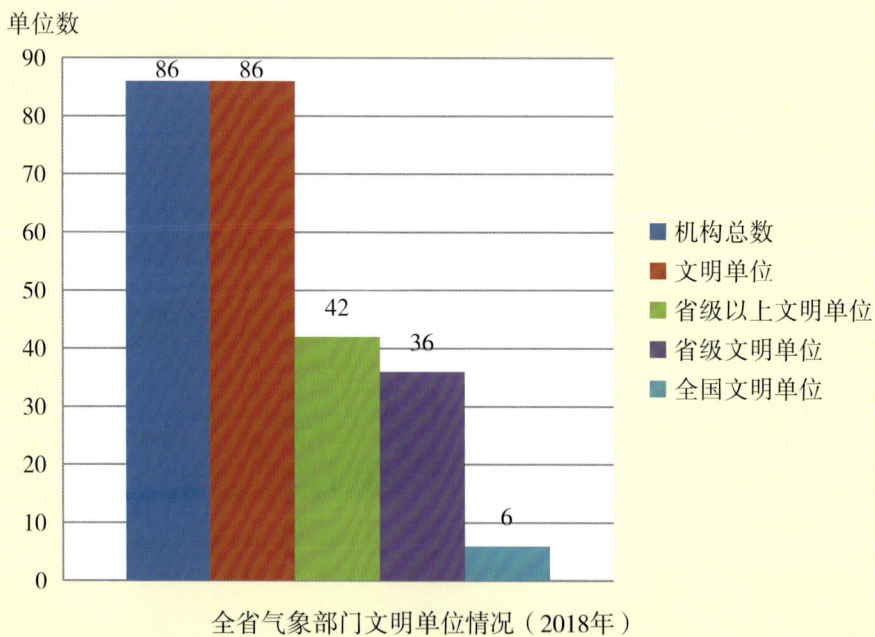

全省气象部门文明单位情况（2018年）

▲ 2018 年，全省各级气象机构均获文明单位称号，其中 6 家全国文明单位、36 家省级文明单位，分别占机构总数的 7% 和 42%（制图：陆铭）

以活动为载体，激发动力、强化内核、焕发热情。

▲ 2009 年，湖北省气象局获省直机关干部职工纪念新中国成立 60 周年大合唱竞赛一等奖（摄影：陆铭）

▲ 诗歌朗诵会（摄影：周芳）

▲ 军地联欢（摄影：陆铭）

▶ 演讲比赛

（摄影：周芳）

（摄影：周芳）

（摄影：陆铭）

（摄影：陆铭）

（摄影：陆铭）

▶ 文艺汇演

（供图：党办）

（摄影：陆铭）

（供图：陆铭）

▶ **体育活动**

▼ 体育比赛（摄影：周芳）

2012 年以来，省局▶
每年组织趣味运动
会、乒乓球、羽毛球、
气排球、围棋等"五
杯联赛"活动
（摄影：周芳、陆铭）

▶ 植树活动

▲ 每年植树节前后，局领导带领干部职工开展义务植树活动（摄影：周芳、刘庆忠）

◀ 2017 年获省直机关职工运动会
健身操比赛一等奖（摄影：周芳）

以群团建设为纽带，凝心聚力，活跃气氛，齐头并进。

▲ 加强工会和妇联组织建设，发挥桥梁纽带作用（摄影：周芳）

▲ 文明家庭表彰（供图：党办）

劳模团队建设。全国先进工作者、湖北省气象服务中心陈正洪带领的团队先后获得湖北省直机关和湖北省"职工（劳模）创新工作室"荣誉称号（供图：陈冰西）▶

湖北省气象局选手在历次部门内外职工演讲比赛中均获佳绩。

▲ 公众气象服务中心孙安妮（中）获得2018年全省职工演讲比赛第一名，并因此获得湖北省"五一劳动奖章"（供图：陈冰西）

局机关杨夏（右）斩获2018年全国气象部门职工演讲比赛第一名，与中国气象局党组成员、副局长沈晓农（中）合影（供图：杨夏）▶

▲ "爱心妈妈"精准帮扶活动（摄影：周芳）

▲ 加强共青团组织建设，发挥党的助手和后备军作用（供图：陆铭、周芳）

▲ 组织团员青年考察教育活动，牢记历史。左图：1995 年，井冈山；中图：1996 年，延安； 右图：2013 年，"重走大别山"（供图：陆铭、周芳）

▲ 开展各类迎新春活动（摄影：周芳）

▲ 开展气象青年进村入户入校帮扶活动（摄影：周芳）

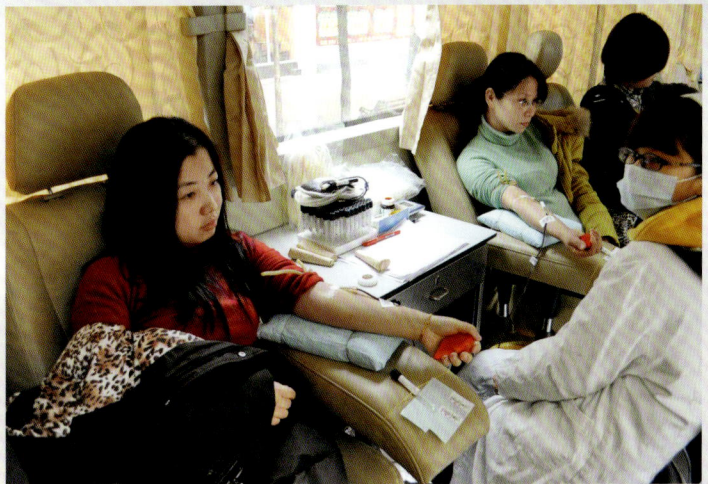

▲ 义务献血（摄影：周芳）

文化建设

从 20 世纪 80 年代的文章、诗歌等一砖一瓦，经过 40 年培育，逐步延伸和发展成具有时代特征、地域特色、行业特点的湖北气象文化体系，涵盖场馆建设、文化产品、人物形象多个系列，形成了"五满意"气象服务、"荆楚气象讲堂"、"气象蓝"行业标志、"力量"系列人物和"气象志愿者"科普五大品牌，成为强劲气象软实力。

▶ "五满意"气象服务品牌

▲ "五满意"气象服务品牌荣臻湖北省文明创建十大品牌之一，在湖北卫视做专题报道（摄影：陆铭）

▶ "荆楚气象讲堂"学习品牌

▲ "聚名家之智，圆气象之梦"，湖北省局每年举办 6～8 期"荆楚气象讲堂"，邀请专家、教授开展各类讲座（摄影：周芳）

▶ "气象蓝"行业标志品牌

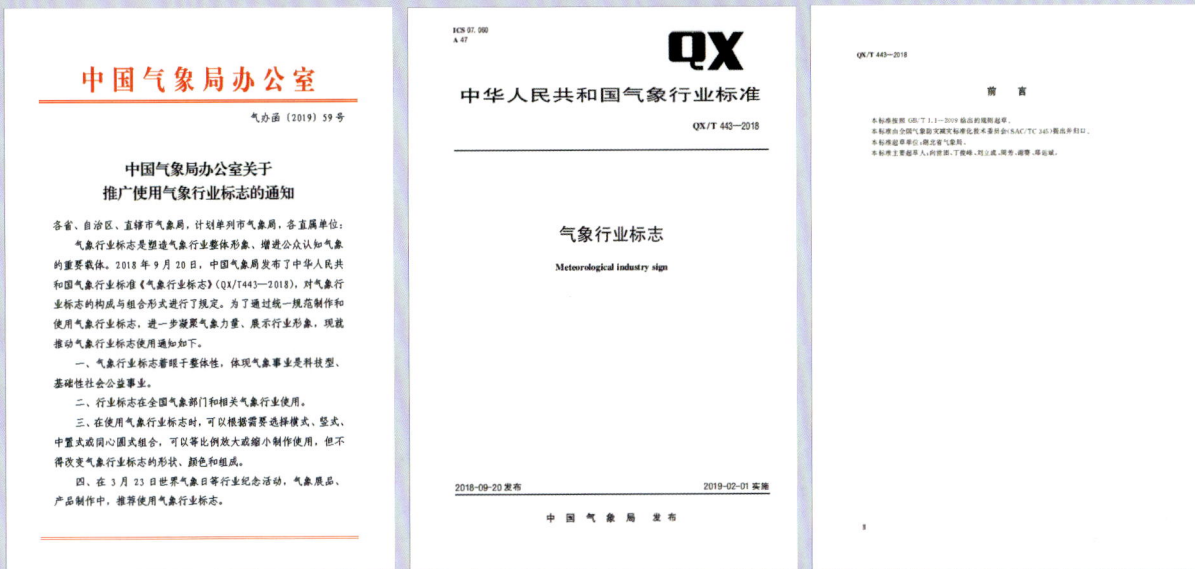

▲ "气象蓝"行业标志在全国推广（供图：毛坚强）

▲ "气象蓝"行业标志

▶ **"力量"系列人物品牌**

1. 开展职业道德模范、气象服务标兵、"十佳"青年评选表彰，制作《道德的力量》《青春的力量》《标兵的力量》等文化产品（摄影：周芳）
2. 敬业奉献道德模范表彰（供图：党办）
3. 十佳青年表彰（摄影：陆铭）

▶ "气象志愿者"科普品牌

▲ 气象青年科普志愿者队伍深入学校、社区开展各类气象科普宣传活动（供图：党办）

通过场馆建设和作品创作，弘扬、传播、发展气象文化。

▲ 2008 年建成的位于武汉汉口胜利街的涂长望陈列馆街（摄影：陆铭）

▲ 2015 年，全国政协常委、副秘书长、九三学社中央常务副主席邵鸿（左二）和全国政协常委、湖北省政协副主席、九三学社湖北省委主委田玉科（左三）出席涂长望陈列馆新馆启用仪式后参观陈列馆（摄影：陆铭）

▲ 涂长望女儿涂多彬女士出席新馆启用仪式（摄影：陆铭）

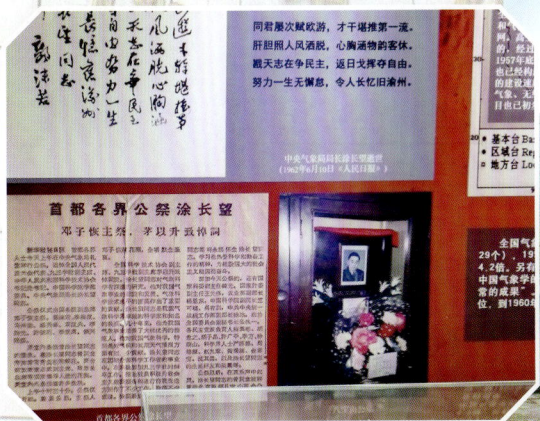

▲ 2015 年搬迁至新洲区气象局的涂长望陈列馆，2017 年被命名为"全国气象科普教育基地"（供图：武汉市气象局）

▲ 湖北省气象科普馆（摄影：陆铭）

◀ 仙桃市气象科普馆
（摄影：陈仁芳）

▲ 荆州市气象局文化长廊（摄影：杨锋）

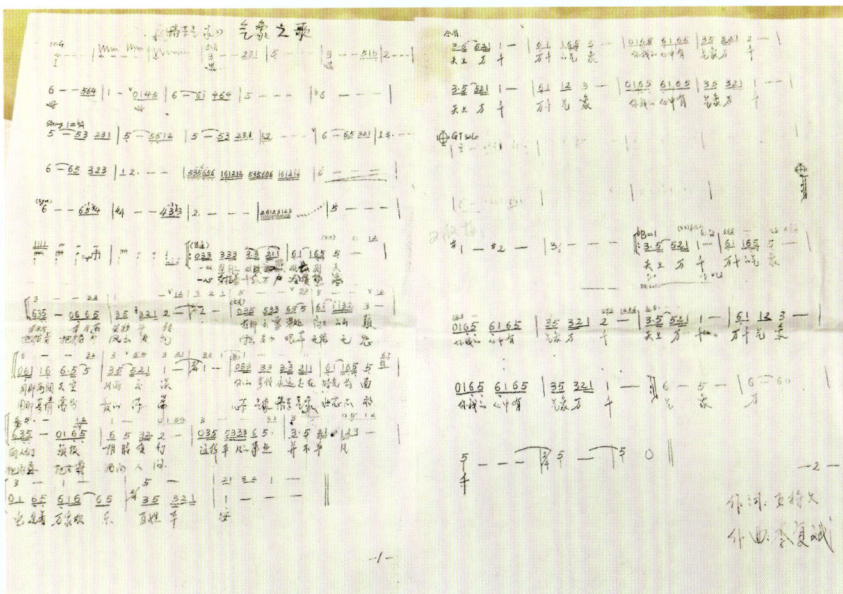

◀ 20 世纪 90 年代湖北省气
象局创作的《气象之歌》
（供图：万康玲）

◀ 黄冈市浠水县气象局文化产品
（摄影：陆铭）

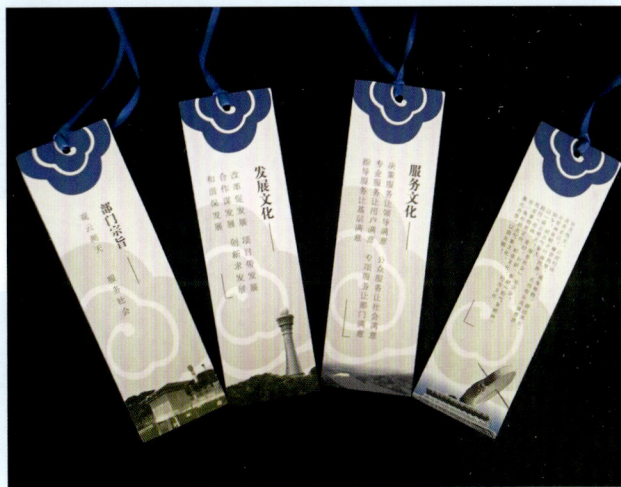

▲ 湖北气象职工创作的部分气象科普图书（摄影：陆铭）　　▲ 气象文化产品（摄影：陆铭）

70 年，搏击风雨，争创一流；70 年，不忘初心，砥砺奋进。

70 年，湖北气象守正、创新、融合、奉献，紧贴中流击水、高山流水、青山绿水、上善若水、流年似水的荆楚大地，呵护接天莲叶的鱼米之乡、碧波万顷的千湖丽影，书写源远流长的荆风楚韵、赤诚滚烫的家国情怀。气象万千！万千气象！

湖北气象事业 70 年取得的历史成就，靠的是党的全面领导、中国气象局和湖北省委省政府的大力支持，靠的是日新月异的科技发展、社会进步和经得起考验、特别能战斗的一代代气象人艰苦奋斗、争创一流的精神传承。

风风雨雨，沧桑巨变；新的时代，新的征程。湖北气象人将不忘初心、牢记使命，在服务生命安全、生产发展、生活富裕、生态良好的高质量发展和建设气象强国的进程中，奏出更加辉煌的时代乐章！